레바논의
블루헬멧

UN 군의관이 레바논에서 보낸 8개월의 기록

레바논의 블루헬멧

/ 권민관 지음

이담 Books

≡ 프롤로그 ≡

군의관 그리고 레바논, 해외파병

나는 2017년 12월부터 2018년 8월까지, 약 8개월의 시간 동안 레바논에 있었다. 군의관으로서 UN 레바논평화유지군(UNIFIL)의 일원으로 해외파병 생활을 했다.

현지 의료지원 민군작전

이 책을 쓰게 된 이유는 여러 가지가 있다. 우선 쉽게 할 수 없는 경험을 다른 사람과 같이 공유하고 싶었다. 개인적인 경험으로만 남기기엔 해외파병에서 얻은 경험과 이야기가 아까웠다. 많은 사람이 내 이야기를 들으면서 간접적으로 해외파병을 같이 경험해본다면 좋겠다.

해외파병 활동에 대한 정보를 제공하고 싶은 마음도 있다. 해외파병 인원으로 선발된 후 해외파병 생활은 어떤지, 어떤 임무를 수행하는지, 책과 인터넷으로 살펴보았지만 단편적인 지식뿐이었다. 민감한 군사 작전 부분이나 보안 사항 같은 자세한 정보를 알고 싶었던 것은 아니었지만, 파병 생활에 대한 간단한 정보조차 찾기가 쉽지 않았다. 결국 해외파병 합숙 훈련을 받고 나서야 레바논 해외파병 생활이 어떻게 될지를 조금 더 잘 알게 되었을 뿐이다. 그래서 과거의 나처럼 해외파병을 궁금해하는 사람들에게 도움이 될 만한 정보를 전달하고 레바논 파병 생활에 대해 이야기하고 싶었다.

또 도움이 필요한 나라에 실제로 도움을 주고 있는 우리나라 국군의 해외파병 활동이 있음을 알리고 싶었다. 남에게 도움을 주고 있다는 일은 자랑스러운 일이며 미담과 선행을 널리 알려야 한다고 생각한다. 우리나라 내에도 도움이 필요한 곳이 많은데 굳이 해외에 있는 나라를 도와야 하는지 의문을 품을 수도 있다. 한번 생각해보자. 6.25 전쟁 직후 다른 나라의 도움과 원조가 없었다면 지금 세계 12위의 경제 대국으로 성장할 수 있었을까? 주변의 도움으로 잘살게 되었다면 이를 반드시 남에게 되돌려 줄 의무가 있다고 생각한다. 인지상정(人之常情)이다. 더불어 도움을 받는 국가에서 도움을 주는 국가가 된 대한민국의 존재는 그 자체만으로도 다른 나라에 희망이 된다. 당장은 돌아오는 구체적인 성과가 없을지라도 '밑 빠진 독에 물 붓기' 같은 무모한 일이 전혀 아니다. 지구라는 제한된 공간에 함께 살아가는 인간으로서 미래를 향해 함께 가는 건 당연하다. 그들이 행복해야 우리가 모두 행복할 수 있기 때문이다. 우리나라의 국격과 위상이 올라간다는 건 덤이다.

이 책에는 심오한 제언이나 철학적인 내용은 없다. 우리나라 해외파병의 문제점과 개선안을 논한 것도, 해외파병의 모든 것을 정리한 것도 아니므로 시시콜콜한 개인적인 이야기로 느껴질 수도 있다. 다만 개인의 경험과 그 과정에서 느꼈던 생각을 정성껏 진실하게 담은 이 책을 통해 세계 여러 곳에서 평화를 위해 노력하고 있는 해외파병 장병의 노고를 알아주고, 관심을 둔다면 그걸로 만족한다.

≡ 차 례 ≡

Chapter 3. 레바논, 생활은 계속된다

Chapter 4. 레바논에서 한국으로

≡ 일러두기 ≡

이 책은 2017년 12월부터 2018년 8월까지 동명부대 20진으로 동명부대에서 활동한 저자의 경험을 바탕으로 쓰였습니다. 정확한 정보를 담고자 했으나 기수에 따라 차이가 있을 수 있습니다.

chapter 1

한국에서 레바논으로

LEBANON

서른셋, 해외파병에 도전하다 1

두 번의 기회

나는 해외파병을 가기로 결심했다. 서른두 살, 군의관으로 임관하기 위한 훈련소에서였다. 군의관은 해외파병을 다녀오게 되면 국내에서 근무할 군부대를 선택할 기회가 주어진다. 어디든 무조건 갈 수 있는 건 아니지만 적어도 원하는 곳에 지원할 기회는 주어진다. 그 때문에 훈련소에서부터 해외파병을 가려는 움직임은 많았고 경쟁도 치열했다. 물밑에서는 누가 해외파병에 지원하는지 서로 간의 눈치싸움도 있었다. 해외파병이라는 큰 결정을 위해 전화 통화가 허락되는 시간마다 가족과 상의하려는 사람도 늘어났다.

군의관이라는 보직은 일반 병과보다 해외파병으로 선발하는 모집 인원이 적다. 게다가 우리나라에서 군부대 단위로 해외파병을 할 수 있는 곳은 현재로서는 4개의 부대뿐이다. 레바논에서 평화유지단으로 활동하는 '동명부대', 남수단에서 재건지원단 활동을 하는 '한빛부대', 아랍에미리트에서 군사훈련협력단 활동을 하는 '아크부대', 소말리아 아덴만 해역 일대에서 해양 평화 수호에 앞장서고 있는 '청해부대'가 그것이다. 따라서 해외파병에 신청하는 사람은 많지만 실제로 선발되는 인원은 극소수에 불과하다.

해외파병에 당당히 지원했지만 나는 극소수의 인원에 들지 못했다. 내과 계열에서는 그해 총 4명 정도를 선발했는데 지원자가 70명이 넘었기 때문이다. 해외파병에 선발되지 못해 서운하기도 했지만, 한편으로는 해외에서 고생할 시간이 눈앞에 어른거렸기에 오히려 잘된 일이라고 자신을 위안하기도 했다. 그렇게 국내의 군부대로 배치 받아 산 좋고 물 깨끗한 곳에서 군의관 생활을 시작했다.

국내 군부대 군의관으로 1년쯤 지났을까? 해외파병 지원자를 뽑는다는 공고가 군내 게시판에 올라왔다. 이미 1년간 국내 부대에서 지내며 타성에 젖었던 터라 해외파병에 대한 막연한 동경의 불꽃이 다시 타올랐다. 사실 군의관 2년 차로 접어들면 '교류'라는 제도를 통해 다른 부대로 이동할 수 있는 권한이 주어지기 때문에 대부분의 군의관은 해외파병 지원을 망설인다. 더군다나 서른두 살, 서른세 살의 군의관은 가정을 꾸리고 갓난아이를 키우고 있는 경우가 많다. 태어난 지 얼마 안 되는 아기를 두고 홀로 해외파병을 다녀온다는 건 결혼생활을 하는 군의관에게는 쉽지 않은 결정이다. 그러나 나는 새로운 경험을 해본다는 것만으로도 충분히 의미가 있다고 생각했기 때문에 다시 한번 해외파병에 도전하겠다고 지원 서류를 넣었다. 결혼하지 않아 자유로운 선택을 해볼 수 있다는 것도 한 이유였다.

조마조마한 시간이 지나고 합격 통지를 띄워주는 날, 집으로 가던 길에 휴대폰이 진동상태로 울리기 시작했다. 발신자는 부대 대대장님이었다.

"축하합니다. 군의관님! 레바논 해외파병에 합격하셨습니다."

그렇게 축하 소식을 듣게 되었다. 해외파병에 합격 소식에 정말 기뻤고, 감개무량했다. 두 번의 도전으로 성공했기에 그 기쁨도 두 배였다. 합격 통지를 받은 그 날 조촐한 축하를 하며 해외파병에 대한 꿈을 키웠다. 그렇게 서른세 살의 청년은 해외파병에 가게 되었다.

삶을 바꾸는 선택의 힘

"왜 굳이 해외파병에 지원했어?"

"해외파병에 두 번이나 지원한 이유가 뭐야?"

이렇게 물어본다면, 그냥 그게 내 성향이라고 말할 수밖에 없을 것 같다. 평소 새로운 것에 호기심이 많은 성격인 데다가 직접 경험해보지 않으면 알 수 없다고 생각한다. 남들이 흔하게 할 수 없는 일에 대한 막연한 동경도 있었고, 기왕 해야 하는 군 복무라면 해외라는 무대에서 군 생활을 해보면 어떨까 하는 열망도 있었다.

"레바논은 위험한 곳 아니니?"

"왜 힘들게 레바논까지 가려고 결정한 거야?"

"부모님은 레바논 해외파병에 반대하지 않아? 걱정 안 하시니?"

파병 선발 명단에 합격하고 나서 가장 많이 들었던 세 가지 질문이다. 정말 신기하게도 이 질문 목록을 벗어났던 질문은 없었다. 나를 아는 모든 사람이 이 질문을 했고, 심지어는 나를 처음 만나는 사람도 같은 질문을 던졌다. 이를테면 출국 전 계좌정리를 하러 간 은행에서, 헬스장 운동을 중단하기 위해 갔던 헬스장 카운터에서도.

나라고 왜 걱정이 없고 두려움이 없었을까? 평범하게 흘러가던 대한민국에서의 삶을 몇 달간 포기하고 한 번도 가본 적 없는 미지의 땅으로 간다는 건 쉽게 생각할 수 있는 일이 아니다. 시간이 지나면서 여러 가지 생각도 들었다. 후회도 들었던 것이 사실이다. 마음을 다잡은 날엔 해외파병에 대한 의욕이 넘쳤지만, 대부분은 심란하고 걱정이 앞서는 날의 연속이었다. 종잡을 수 없는 기분이 냉탕과 온탕을 번갈아 다니는 건 일상이었다. 그래도 주위 어르신에게 해외파병 간다고 이야기하면, 친구들의 걱정과는 사뭇 다른 반응이 돌아왔다.

"좋은 경험이 되겠네."

"인생에서 이런 소중한 기회는 없으니 건강하게 잘 다녀오도록 해라."

"민관이는 재미있게 사는구나."

이런 긍정적이고 힘이 되는 소리를 많이 들었다. 연륜의 힘이 이런 데서 나온다는 것을 새삼 새롭게 느낄 수 있었다.

우리는 살면서 무수히 많은 선택의 기로에 놓인다. 어떤 선택이 최선이었는지는 지나고 나서야 알 수 있겠지만, 적어도 후회하지 않을 결정을 과감히 선택할 수 있어야 하겠다. 나는 용기를 내서 선택했고 해외파병을 다녀와 봤기에 이 결정을 절대 후회하지 않는다. '해외파병을 다녀오지 않았으면 어땠을까?' 이제는 이런 상상은 하기도 싫을 정도다. 내 결정을 걱정해주는 사람, 도리어 응원해주는 사람, 모든 사람 덕분에 레바논에서의 해외파병을 무사히 마치고 돌아올 수 있었다고 생각한다. 그때도 지금도 모두에게 정말 감사하다.

해외파병, 합격하도고 어리둥절

해외파병에 합격했는데 파병 전 교육을 위한 소집은 언제인지, 출국 날짜는 언제인지 제대로 알려 주는 사람이 없었다. 합격한 지 3달이 넘어가도 연락 오는 곳이 없었다. 답답하다면 담당 부서에 연락을 취해볼 수 있다. 직접 연락하면 비교적 자세하게 일정을 들을 수 있다. 소집 교육 기간은 언제인지, 출국은 언제 하는지에 따라 개인 일정을 조정할 수 있기에 반드시 미리 알아두면 좋다. 일정을 대략 추측해볼 수도 있다. 현재 동명부대에 있는 진이 8개월간의 임무를 마치고 입국하는 날짜를 계산해보면, 반대로 우리가 출국할 날짜가 나오기 때문이다.

합숙 훈련하는 국제평화지원단 내 해외파병 교육센터†는 공간이 한정적이다. 또 해외파병지가 다른 부대를 대상으로 해외파병 전 교육을 한꺼번에 할 수는 없다. 각자 부대가 맡은 임무가 다르고, 하는 일이 조금씩 다르기 때문이다. 따라서 현재 파병 중인 진의 귀국 시기를 잘 계산해서 해외파병 전 소집 교육을 시작해야 한다. 또 교육에 드는 예산도 한정적이며 교육훈련 일정도 국방부나 합동참모본부 등과 같은 상위 부서의 승인이 필요하다.

이렇듯 해외파병 부대별로 일정이 복잡하게 얽혀있으므로 해외파병 소집 및 출국 일자를 미리미리 공지하고 알려줄 수가 없는 것으로 보인다. 실제로 출국 최종일과 정확한 출국 시각이 나온 건 해외파병 소집 교육이 거의 끝나갈 때 무렵이었던 걸로 기억한다. 그래

† 국제평화지원단에서는 해외파병 부대원을 대상으로 해외파병 전 소집 교육을 한다. 레바논 이외에도 남수단, 아랍에미리트에 해외파병을 가는 부대원은 국제평화지원단에서 교육을 받고 청해부대는 해군 소속의 부대에서 해외파병 전 소집 교육을 자체적으로 실시한다.

서 가능하다면 해외파병 임무를 수행하는 다음 진의 계획이나, 해외파병 약 1년 정도의 계획은 미리 결정되어 있었으면 좋겠다. 조금 더 미리 알 수 있다면 합격 후부터 입소 연락을 받기 전 기간까지 개인적인 일정을 알차게 쓸 수 있으리라 생각하기 때문이다. 이 자리를 빌려 구체적인 시스템이 만들어질 수 있도록 부탁해보고 싶다.

우리에게는 낯선 땅, 레바논 2

레바논은 어떤 나라일까?

레바논은 대한민국으로부터 약 8,000km 떨어진 낯선 중동에 있다. 지중해 동쪽 연안에 있는데 아시아와 유럽의 사이라서 예로부터 문명의 교차로 역할을 하던 곳이라고 한다. 정식 국명은 레바논 공화국(The Republic of Lebanon)인데 '레바논'은 아랍어로 '하얗다'는 뜻이다. 레바논 북쪽 산맥을 뒤덮은 하얀 눈에서 '레바논'이라는 이름이 유래했다고 한다.

한반도의 20분의 1 정도 크기로 우리나라 경기도 면적의 크기(10,187.8㎢)와 비슷하고 여기에 약 650만 명의 사람이 살고 있다. 북쪽과 동쪽은 시리아와 국경을 맞대고 있고 남쪽으로는 이스라엘과 닿아 있다. 대부분 큰 도시는 지중해 해안 쪽에 발달해 있는데 지중해 연안에 작은 평야 지대가 있고 나머지 전체는 산지로 이루어져 있기 때문이다. 해안지방은 지중해성 기후로 대체로 겨울은 짧고 온화하며 여름은 덥고 긴 편이다.

수도는 베이루트(Beirut)이다. 베이루트는 5,000년의 역사를 품은 오래된 도시이자 '중동의 파리'라고 불릴 정도로 아름답기로 유명하다. 공식 언어는 아랍어지만 베이루트에서는 아랍어, 영어, 프랑스어 등의 다양한 언어로 소통이 가능하고, 중동지역 내에서 드물게 술이 허용되는 자유분방한 도시이다. 그 때문에 유럽 사람과 중동지역 사람은 베이루트를 여행해 보고 싶은 도시 중 하나로 손에 꼽는다.

레바논의 역사는 기원전 3,000년경에 페니키아인이 도시국가를 건설한 것이 시초다. 근대에 이르러서는 약 30년간 프랑스의 식민지배를 받았고 1943년 프랑스로부터 독립을 이루어 냈다. 그러나 독립 이후에도 종교 등의 이유로 내전이 끊임없이 발생했고 주변 강대국들은 이런 레바논에 눈독을 들이곤 했다. 강대국 사이에서 이리 치이고 저리 치이는 굴곡진 역사를 거쳐 지금까지 살아온 것이다. 어떻게 보면 우리나라의 역사와 비슷한 점이 있기에 더욱 마음이 간다.

지금의 레바논은 입헌 공화국으로 대통령 중심제이지만 여기에 '내각제'와 '종파 지분제'가 추가되어 복잡한 형태이다. 정치적인 이유로 국가 수립 이후 공식 인구 조사를 시행한 적은 없지만 2017년을 기준으로 원주민은 약 450만 명 정도, 시리아 난민은 약 150만 명 정도, 팔레스타인 난민은 약 50만 명 정도다. 총 650만 명 정도의 사람이 레바논에 거주하고 있는 셈이다.

레바논의 상징, 백향목

'레바논'하면 빼놓을 수 없는 게 바로 '백향목(Cedar)'이라는 나무다. 백향목은 레바논 산맥의 고산지대에서 자라는 침엽수의 일종이다. 1년에 불과 1cm가 크는 정도로 아주 천천히 자라는데, 묘목으로 자라는 데만 무려 40년 정도가 걸린다. 자라는 속도가 이 정도니, 적어도 300년은 된 백향목이라야 목재로 사용이 가능하다고 한다. 내려오는 이야기에 따르면 아담이 에덴동산에서 쫓겨나올 때 3가지를 가지고 나왔는데 그중 하나가 백향목 나무 묘목이었다고 한다. 구약성서에도 무려 70회나 언급되고 있을 정도로 유명한 나무다.

레바논 국기

백향목은 레바논 국기에도 등장한다. 빨간색과 하얀색이 바탕이 된 2색 기 한가운데에 녹색의 백향목이 늠름하게 위치한다. 국기뿐만 아니라 레바논 지폐를 잘 비춰보면 숨어있는 백향목을 발견할 수 있다. 이처럼 레바논 사람의 백향목 사랑은 각별하다.

레바논과 이슬람교

종교적인 측면을 보자면 레바논은 중동에 있으므로 이슬람교를 국교로 채택하고 있을 것 같지만 아니다. 18개의 공식 종파를 인정할 만큼 종교에 대해 관대한 나라로 여러 종교를 인정하는 다종교

국가다. 그러다 보니 아랍 국가 중에서 유일하게 이슬람교를 국교로 채택하지 않은 나라가 되었다. 종교의 큰 주축은 이슬람교와 기독교로 이슬람교가 약 59% (시아파 27% 수니파 27%) 정도, 기독교가 약 41% (마론파 21%, 그리스정교 8%) 정도 된다. 이외에 드루즈, 유대교 등의 종교가 있고 이들 종교의 자유를 인정한다.

이슬람교를 국교로 채택하고 있지 않은 레바논이지만, 레바논은 중동지역에 위치하고 아랍 문화권에 속하며 이슬람 협력기구의 한 구성원으로 이슬람 세계의 영향을 받고 있다. 사실 한국에서 이슬람교는 생소한 종교지만, 규모 면에서 보면 그리스도교 다음으로 전 세계에서 두 번째로 큰 종교이다. 그래서 보통 그리스도교, 이슬람교, 유대교를 세계 3대 종교라고 일컫는다.

이슬람교는 일반적으로 한국인에게는 중동의 종교로 알려졌지만 실제로는 북아프리카, 아라비아반도, 중앙아시아, 러시아 일부 지역, 파키스탄, 인도, 인도네시아, 말레이시아, 중국 등의 넓은 지역에 분포되어 있다. 이처럼 이슬람 문화는 광범위하게 펼쳐져 있고 전 세계의 4분의 1에 해당하는 약 16억의 이슬람교 신자가 이슬람을 종교로 삼아 살아가고 있다.

이슬람교는 7세기 혼란했던 중동에서 예언자 무함마드가 등장하며 탄생했다. 이슬람교 최후의 예언자, 무함마드(Muhammad, 570~632)는 아라비아반도에 분열되어 있던 아랍 부족을 이슬람의 이름 아래 통합했다. 이슬람교에 따르면 예언자 무함마드는 이슬람교를 창시한 것이 아니다. 이슬람교는 원래 우주가 창조될 때부터 있었다고 한다. 그러나 인간의 어리석음으로 인해 그 뜻이 점차 왜곡되자 신(알라)은 예수 그리스도를 통해 바로잡고자 했다. 그런데도 종교의 순수함이 다시 변질하자 무함마드를 내려보내 제대로 확립했고 이때 함께 생긴 것이 이슬람교의 최고 경전인 '쿠란(القرآن, Qur'an)'이다.

현재 이슬람교는 크게 수니파(ahl al sunna)와 시아파(ahl al shiyah)로 나뉜다. 이슬람교를 잘 모르는 사람이라도 두 종파에 대해서는 들어서 알고 있는 사람이 많다. 우리에게는 서로 적대적으로 싸우며 분쟁하는 이미지로 남아있다. 이 두 종파의 분리는 예언자 무함마드가 후계자를 정하지 않은 채 632년 사망한 데서 서서히 시작되었다. 시간이 흐를수록 이 두 종파의 갈등의 골은 깊어졌고, 오늘날의 수니파(ahl al sunna)와 시아파(ahl al shiyah)의 대립으로 이어지고 있다.

이슬람교 신도를 부르는 명칭은 '무슬림(Muslim)'과 '무슬리마(Muslima)'이다. 남성은 '무슬림'이고, 여성은 '무슬리마'이다. 그러나 실제로는 이슬람교를 믿는다고 자신을 소개할 때, 남성이나 여성이나 상관없이 그냥 무슬림(Muslim)이라고 지칭한다. 실제로 레바논 파병 중에 여성이 이슬람교 신자라고 자신을 소개할 때 그냥 무슬림이라고 이야기하는 것을 자주 볼 수 있었다.

이슬람교도인 무슬림이라 하면 보통 우리 인식으로는 히잡을 반드시 써야 하고 돼지고기를 먹지 않으며 알라의 뜻대로 경건하게 살아가는 것처럼 느껴진다. 규율과 규칙을 엄격하게 따를 것 같다는 생각이 든다. 그러나 앞서 말했듯이 레바논은 중동국가이면서 다양한 종교를 존중하고 심지어는 종교에 따라 권력이 배분될 정도니, 내가 생각하는 것만큼 무슬림은 이슬람교에 엄격하지 않았다. 무슬림이지만 히잡을 쓰지 않고 지내는 여성도 많고, 미스바하(misbahah, 염주나 묵주 같은 예배 도구)를 사용하지 않는 사람도 있다. 심지어는 라마단을 엄격하게 지키지 않는 사람도 봤다. 정말 독실한 믿음으로 살아가는 사람도 있지만, 상대적으로 덜 독실한 사람도 있는 것이다.

우리에게는 낯선 땅인 레바논에 대해 간략하게 알아보았다. 레바논은 작지만 다양하고 복잡한 나라로 이를 완벽히 알기는 어렵다. 그러나 이해하고자 노력한다면 더 알찬 파병 생활과 다양한 경험을 누릴 수 있으리라 생각한다.

간단한 아랍어 인사말

앗 살람 알라이쿰 al salam alaykm
평화가 그대에게 있기를. 평화가 항상 함께 하기를 바랍니다.

와 알라이쿰 앗 살람 wa alaykm al salam
당신에게도 항상 평화가 함께 하기를 바랍니다.

일 랄 리 까 il lal li ka
우리 또 만나요

마 살라마 Ma salama
안녕히 가세요, 안녕히 계세요

슈크란 Shukran
감사합니다

슈크란 자질란 shukran jaziln
대단히 감사합니다.

아나 아씨프 Ana acif
미안합니다.

쌀람탁 salamtk
(남성에게) 건강하기를 바래요

쌀렘텍 salamtki
(여성에게) 건강하기를 바래요

나하르 사이드 nahar said
좋은 하루 보내세요!

동쪽에서 온 밝은 빛, 동명부대

3

한국과 레바논, 그 관계의 역사

레바논과 우리나라는 정식 외교 관계를 수립한 1981년 이후로 외교, 경제, 문화 등 여러 방면에서 우호 협력 관계를 증진하고 있다. 그러나 레바논과 우리나라는 외교 관계를 맺기 이전부터 서로 연결되어 있었다. 바로 6.25 전쟁 때부터다. 레바논이라는 생면부지의 국가가 바로 6.25 전쟁 때 우리나라에 막대한 물자를 지원해 줬다는 사실을 알고 있는 사람은 없다고 봐도 무방하다.

당시 레바논은 5만 달러를 지원했다. 현재 물가로 환산하면 약 500억 정도의 규모로 당시 37개 물자 지원국 중에서 17위 규모에 해당한다. 당시 우리나라 1인당 국민소득이 36달러였을 때다. 지금 생각해도 약 500억이라는 금액은 엄청나게 큰돈인데, 6.25 전쟁 당시에 레바논은 우리나라를 위해 그 돈을 선뜻 지원해 줬다.

우리나라가 6.25 전쟁 이후 눈부시게 발전할 수 있었던 이유 중 한 가지는 여러 나라의 도움과 원조 때문이다. 특히 우리나라를 알지도 못하는 나라에서 우리를 돕기 위해 기꺼이 사람을 보내고, 물자를 지원한 도움이 있었다는 것을 잊으면 안 된다. 전 세계의 온정 가득한 도움이 없었다면 우리나라는 지금의 모습이 아닐 것이라 확신한다.

이제는 성장한 우리나라가 나서야 할 때다. 정성 어린 도움을 받아 이만큼 성장할 수 있었기에 우리나라도 베풀어야 하고 어려운 상황에 있는 나라를 기꺼이 도와야 한다. 받은 도움으로만 끝낼 수는 없다. 받은 만큼 잘 성장했으니 다시 돌려주는 건 당연한 일이다. 우리나라가 겪어온 성공 신화를 바탕으로 다른 나라를 도와주고 잘 이끌어 줄 수 있는 성숙한 우리나라가 되길 바란다.

레바논 평화유지군의 역사

국제연합, 즉 UN(United Nations)은 전 세계를 통합하는 국제기구다. 제2차 세계 대전 후 끔찍한 전쟁과 같은 반인륜적인 사태를 막고 항구적인 평화를 유지하기 위해 설립했다. 이런 UN이 국제 평화유지를 위해 창설한 것이 UN 평화유지군(PKO, Peace Keeping Operation, UN 평화유지활동)이다. 필요할 때마다 UN 소속국가의 군대를 차출해서 그 임무를 수행하는 형태로, 주로 분쟁지역이나 재난지역을 포함한 전 세계에서 필요로 하는 지역에서 평화를 지키며 도움을 주는 활동을 한다. 오늘날, 전 세계에는 약 20만 명의 UN 평화유지군이 자원이 풍부한 아프리카와 종교분쟁이 끊이지 않는 중동 지방을 중심으로 전 세계 각지에서 임무를 수행하고 있다.

특히 레바논은 1943년 프랑스로부터 독립한 후 네 차례에 걸친 이스라엘과의 전쟁과 두 차례의 내전을 경험했다. UN 안전보장이사회는 1978년 레바논과 이스라엘의 분쟁을 해결하고자 UN '안보리 결의안 제425호와 제428호'를 채택하여 UN 평화유지군을 레바논 남부지역에 파병하기로 결의했다. 이것이 UNIFIL (United Nations Interim Force in Lebanon, UN 레바논 평화 유지군)의 시작이다. 또 2006년에는 레바논-이스라엘 전쟁에 개입하여 평화를 중재하기 위해, UN은 '안보리 결의안 제1701호'를 채택했다. 이에 따라 UN 평화유지군의 수준을 약 3,000명에서 약 15,000명으로 증강하기로 했다. UN의 요청으로 우리나라도 레바논에 국군을 파병하게 되었다. 바로 2007년 7월, 대한민국의 동명부대가 UNIFIL 소속으로서 레바논에 처음으로 발을 디디게 된 것이다.

레바논에서 UNIFIL의 존재의 목적과 활동목표는 레바논 사람의 인간다움과 인권향상을 보장하기 위해서다. UNIFIL은 UN 안보리 결의안을 이행하며 레바논군을 지원한다. 또 재연재해 등의 문제가 발생했을 때 인도적 구호 및 복구 지원 활동을 지원하기도 한다. 따라서 UNIFIL은 레바논 남부지역에서의 평화와 질서를 회복하고 유지하며 레바논 사람을 돕는 인도주의적 활동을 펼치고 있다. 동명부대도 마찬가지다. 레바논의 평화, 치안 유지, 재건, 감시정찰, 민군작전 같은 임무를 수행하며 레바논을 돕고 있고 대한민국의 국위 선양에 앞장서고 있으며 레바논의 평화뿐 아니라 세계 평화에 기여하고 있다.

UNIFIL의 총 사령부는 나쿠라(Naqoura)라고 하는 도시에 있다. 동명부대에서 남쪽으로 약 24km 떨어져 있는 도시로 레바논에서 가장 남쪽에 위치한다. 이 도시의 남쪽 경계는 이스라엘과 맞닿아 있어 이스라엘과의 국경선이 되며, 블루라인(Blue Line)이라고 부른다. 최전선이라 부를 수 있는 곳에 UNIFIL의 심장이 있는 셈이다.

UNIFIL 소속의 41개국은 서로 활발하게 교류한다. 레바논에서 UN의 목표와 임무를 완수하기 위해서는 UN이라는 팀워크는 매우 중요하기 때문이다. 서로 교류하는 방식은 다양하다. 임무 수행 향상을 위한 각종 연합훈련을 통해 외국군과 소통하며 전술을 익히고 배우기도 한다. 자국을 다른 UNIFIL 국가에 소개하는 내셔널 데이(National day)라는 행사를 통해 본인의 나라를 홍보하기도 한다. 동명부대도 예외일 수 없다. 여러 행사를 개최하기도 하고, 6.25 참전국을 초청해 고마움을 표현하는 자리를 마련하기도 한다.

이처럼 UNIFIL 소속 국가끼리 레바논이라는 땅에서 친밀하게 지내고 서로 의지하며 해외파병 생활을 해나가고 있다. 세계 속에서 UN의 일원으로 다른 국가와 어깨를 나란히 하며 당당하게 임무를 완수하는 동명부대와 UNIFIL이 있기에 오늘도 레바논의 평화가 유지되고 있다고 자신 있게 말할 수 있다.

UNIFIL, UN평화유지군의 날

파병의 이유

우리나라 국군의 임무는 법적으로는 다음과 같다.

대한민국 헌법 제5조

① 대한민국은 국제평화의 유지에 노력하고 침략적 전쟁을 부인한다.

② 대한민국 국군은 국가의 안전보장과 국토방위의 신성한 의무를 수행함을 사명으로 하며 그 정치적 중립성은 준수된다.

군인의 지위 및 복무에 관한 기본법 제 5조 (국군의 강령)

① 국군은 국민의 군대로서 국가를 방위하고 자유 민주주의를 수호하며 조국의 통일에 이바지함을 그 이념으로 한다.

> ② 국군은 대한민국의 자유와 독립을 보전하고 국토를 방위하며 국민의 생명과 재산을 보호하고 국제평화의 유지에 이바지함을 그 사명으로 한다.

그렇다. 우리나라 국군은 우리나라 국토, 국민을 보호하는 임무를 수행하지만, 국제평화 유지에 노력해야 할 임무도 있다. 국군의 세계평화유지활동 의무의 근거는 이처럼 법적으로 명시되어 있다.

국내에서도 국군이 해결해야 할 문제가 많은데, 다른 나라를 위해 해외파병을 가야 하느냐 하는 시각도 있을 것이다. 우리나라를 먼저 생각하는 마음에서 나온 의견이겠지만 그렇게 단순하게 생각할 수만은 없다. 세계화 속에서 사는 우리는 전 세계적인 문제를 함께 고민하고 해결해야 하는 의무를 갖고 있다. 국가적 합의를 무시한 채 살아갈 수는 없다. 더군다나 우리나라는 원조를 받던 국가에서 원조를 할 수 있는 유일무이한 국가다. 어려움에 부닥친 나라를 돕는 데, 어느 다른 국가보다 막중한 책임감이 있다고 할 수 있다. 우리나라를 향한 국제사회의 기대와 응답을 저버릴 수는 없다. 국제사회에 잘 보이기 위해서, 인정받기 위해서 해외파병 활동이 필요하다는 말이 아니다. 어려운 나라와 국민을 돕는다는 것은 당연한 일이며 국제무대에서 마땅히 해야 할 역할을 해내는 것뿐이다. 해야 할 일을 할 수 있는 능력이 있다면 하는 것이 옳다.

레바논의 평화 유지군, 동명부대

동명부대는 티르(Tyre) 지역 내에 있는 5개 마을의 안전을 책임지고 있다. 이 5개 마을은 샤브리하(Shabriha), 부르글리아(Burghuliyah),

디바(Dibbah), 부르즈라할(Burj Rahhal), 압바시아(Abbasiyah)이다. 5개 마을의 면적은 약 가로 10km, 세로 7km 정도로 서울 서초구 면적과 비슷하다. 약 5만 명의 현지인이 5개의 마을에 거주하고 있다. 부대명 '동명(東明)'은 '동쪽에서 온 밝은 빛'이라는 뜻으로 레바논의 평화를 위해 멀리 동쪽에서 온 부대라는 상징적인 의미를 가진다. 역사적으로는 우리나라에서 다섯 번째로 평화유지활동(PKO)을 하는 부대이며 상록수부대에 이은 두 번째 전투부대 해외파병이기도 하다.

동명부대는 특전사 1개 대대를 모체로 한다. 여기에 의무, 헌병, 경호, 정비, 통신, 공병, 수송, 감시, EOD 등의 지원부대가 편성되어 단독으로도 임무 수행이 가능하다. 특전사를 중심으로 한 이유는 위험한 상황 속에서 사상자를 최소한으로 유지하기 위함이다. 레바논은 아직 전쟁이 끝나지 않은 위험한 곳이다. 따라서 사고가 언제든지 발생할 수 있는 곳이기에 정예 부대가 가지 않고서는 해외파병 임무를 수행할 수 없다.

동명부대 주둔지, 티르(Tyre)

티르(티레, Tyre, Tyr)는 레바논에서 4번째로 큰 도시이자 레바논 남부의 최대 도시로, 약 17만 명의 인구가 살고 있고 베이루트에서 남쪽으로 약 86km 떨어져 있다.

티르는 원래 육지와 가까운 거리에 있는 섬이었다. 즉, 섬이자 도시였다. 알렉산더 대왕이 기원전 332년 티르를 점령하기 위해 전쟁을 펼치면서 바위, 돌, 흙을 바다 아래로 메우면서 길을 내어 티르를 점령했다고 한다. 그때 만들어진 널찍한 길이 티르 섬과 연결되었고, 육지를 포함한 지역과 함께 현재의 티르라는 도시가 되었다. 지도를 잘 보면 티르는 지중해 쪽으로 뾰족하게 튀어나와 있음을 알 수 있다.

티르는 전략적 요충지로 과거부터 수많은 세력이 이 도시를 탐냈다. 현대에 이르러서 티르는 헤즈볼라의 모태인 이슬람 시아파의 정치조직, 아말파를 출범시킨 도시로 알려져 있다. 그래서 그런지 티르로 진입하는 입구 도로에는 큰 관문이 서 있다. 바로 도로의 상부를 'ㄷ' 모양으로 에워싼 형태의 관문이다. 티르로 드나드는 모든 사람과 차량은 이 관문을 반드시 통과해야만 한다. 실제로 현지 민군작전을 나가면 티르 진입 입구 도로와 관문을 통과하게 된다.

레바논 남부 지역의 요충지이자 유서 깊은 도시인 티르(Tyre)에서 동명부대는 지금도 임무를 수행하고 있다. 지금도 먼 나라의 생소한 도시에서 최선을 다하고 있는 동명부대원이 있기에 오늘도 티르는 평화롭다.

동명부대의 임무

동명부대 임무를 간략히 말하면 다음과 같다.

UN 안보리 결의안 제1,701호에 의거

1) 책임지역 내 불법무기 및 무장세력 유입차단을 위한 고정 감시 작전
2) 우호적인 작전환경 조성을 위한 민군작전
3) 레바논군과 협조 및 지원체계 유지

외교부의 해외 안전여행 정보에 따르면 레바논 자체는 '여행 자제'로 분류된다. 그중에서도 동명부대가 주둔하고 있고, UNIFIL이 작전을 펼치는 레바논 남부 지역은 '여행 철수 권고' 지역이다. 그만큼 현지 정세가 위험한 곳이다. 내가 속한 동명부대 20진은 약 330여

명의 부대원으로 구성되어 8개월간 레바논에서 임무를 수행했다. 동명부대가 이곳에서 수행하는 임무와 주요활동은 다음과 같다.

1) 주요 도로를 이용한 불법무기 및 무장 세력의 유입을 감시하는 고정감시 활동
2) 합동 검문소 운영
3) 레바논군 연합 도보정찰
4) 작전지역 내 불발탄이나 급조 폭발물 식별을 위한 EOD(폭발물 처리반) 정찰 활동

또한 지역 주민을 위한 소규모 유지 보수 사업, 공여물품 제공, 지원 사업 같은 활동을 펼치는 것도 주요 임무 중 하나다. UN에 정식으로 등록된 테러 의심 차량만 100대에 달하는데, 고정감시 활동을 통해 테러 의심 차량을 식별하기도 하고 불법무기를 들고 이동하는 사람을 찾아내기도 한다. 도보정찰을 통해 인근 마을 주민을 보호하고 동명부대를 위협하는 세력에게 경고의 메시지를 보내기도 한다.

'민군작전'이라는 활동도 있다. 현지 마을 주민과 강한 유대감을 형성해 부대의 안전과 작전 임무 수행 여건을 보장하고, 우리나라에 대한 친근한 이미지를 알려 대한민국의 위상을 제고하는 데 목적을 둔 활동이다. 풀어서 말하자면 레바논 현지 주민을 대상으로 하는 모든 활동이다. 기반 시설 공사부터 취약계층 지원과 태권도 및 한글 교실 등의 다양한 활동이 이에 속한다. 덕분에 동명부대는 UNIFIL 소속 국가 중 유일하게 책임 지역 내 지역주민으로부터 단 한 건의 적대행위 없는 모범부대로 칭송받고 있다.

특히 레바논은 현지 의료시설이 취약하고 주민의 경제적 여건이

어려워 아파도 병원을 가지 못하는 환자가 많다. 주 5일 동명부대 의료지원팀(군의관, 치과 군의관, 간호 장교, 수의 장교 등)은 '현지 의료지원 민군작전'을 통해 인도적 의료지원을 하고 있다. 마을별 순회 진료로 주민의 치료 여건을 보장해 주는 활동이다. 레바논 현지 주민을 진료하고 치료하는 것뿐 아니라 지역 사회 동물이나 가축을 치료하고 돌보는 수의 진료도 같이 시행한다.

해외파병 합숙 교육 4

동명부대 20진 장병은 평균 6.6대 1의 치열한 경쟁을 뚫고 선발된 약 330여 명의 인원으로 구성되었다. 현지 임무 수행을 위해 해외파병을 떠나기 전 약 6주~9주간 국제평화지원단 내에 있는 해외파병 교육센터에 모여 여러 교육을 받는다.

무엇을 배울까?

해외파병을 가는 장병은 필수적으로 UN DPKO(UN Department for Peacekeeping Operations)라는 과목을 공부해야 한다. 이는 UN 평화유지국에서 제시한 교육 과정으로 UN의 기본 개념과 평화유지 활동(PKO)에 관한 내용이다. UN의 핵심적인 가치, 다양성의 존중,

안보리 위임명령 실행, 품행 교육, 여성 및 평화와 안전, SOFA 및 교전규칙, 민간인 보호 같은 항목이 평화유지활동(PKO) 교육내용 안에 포함되어 있다. PKO 교육은 UN의 기본지침으로서 모든 파병 부대원은 이를 꼭 숙지해야 한다. 개인별 리더십을 함양할 수 있는 교육도 받고 당연히 이슬람문화의 이해 같은 현지 상황과 관련된 교육도 받는다. 이렇게 공통으로 받는 교육 이외에도 즉각 임무 수행이 가능하도록 교육 훈련, 상황별 전술훈련, 기능별 주특기 훈련, 민군과제 숙달, 작전 지속지원, 국제법, 인도적 지원 등 분야별로 전문성을 향상하기 위한 교육을 따로 받게 된다. 전문가를 초빙해 다양한 강연도 한다. 국립서울현충원에도 방문했다. 우리나라를 위해 고귀한 목숨을 바친 호국영령을 추모하며 그들의 호국정신을 되새겼다. 현충탑 아래에 이름 모를 영웅이 잠들어 있는 것도 처음 알게 되었다. 우리나라의 일원이자 국가 대표로 떠나는 이 시점에서 그들의 거룩한 희생을 생각하며 나 또한 그들의 이름과 노고에 누가 되지 않도록 해외파병 임무 완수를 잘하고 오겠다는 의지가 생겼다.

해외파병을 위한 교육은 공부로만 이루어진 것은 아니다. 국제평화지원단 내에 있는 해외파병센터에서 훈련을 받는 것이기에, 숙식하며 부대 내 생활을 한다. 즉 지내는 모든 것이 교육이자 훈련이다. 매일 아침에는 점호하고 체조와 달리기를 했다. 오전과 오후는 일정대로 교육해나갔다. 반복 숙달하는 과정에서 동명부대 20진은 점차 건강해지며 단단해지고 있었다. 건강한 신체와 끈기 있는 체력은 해외파병 군인이 갖추어야 할 기본 중의 기본 항목이다. 훈련소 같은 국제평화지원단의 교육·훈련 생활은 짧은 기간이었지만, 자체적으로 운동하며 체력을 기르려고 노력했다. 여러 차례의 체력검정을 통과해야 했기에 부지런히 체력 단련을 할 수밖에 없었다.

의무대는 현지 의료지원 민군작전을 실행하기 위한 교육을 따로 시행했다. 의무대 인원은 각자 자신의 의료분야에서 배우며 경력을 쌓은 사람이라 의료에 대한 지식과 행동요령은 기본적으로 갖추어져 있었다. 또 전상자 처치 같은 다발성 외상환자에 대한 진료 능력이 부족해서 국군의무학교에서 실제 모형으로 전상자 처치를 할 수 있도록 교육받았다. 이렇게 특화된 교육을 받을 수 있었다는 일은 당연하면서도 효과적이었다고 생각한다. 이런 교육 훈련을 통해 본연의 임무를 잘할 수 있다는 자신감을 기를 수 있었다.

현지 사정에 맞춘 의무대 교육

의무대 소속의 내과 군의관으로서 해외파병에서 가장 중요한 건 발생하는 환자를 잘 진료하고 치료하는 일이다. 이미 의료적 지식이나 실전 경험은 의과대학과 대학병원 생활을 하며 몸에 익숙해져 있어 큰 문제는 되지 않았다. 그렇지만 총상 같은 외상에 대한 처치법, 긴급 후송 상황에 대해서는 더 심도 있는 훈련이 필요했다. 해외파병 교육센터와 국군의무사령부에서는 이에 대해 훈련을 할 수 있도록 실제상황을 가정한 훈련을 시행하고 있다.

특히 해외파병 지역에서 급조 폭발물에 의한 폭발 환자나 총상환자가 발생할 수 있기에 대전 국군의무사령부 소속의 SAVE 센터에서 실전과 같은 훈련을 한다. 총소리를 배경으로 여기저기 흩어져 있는 더미(Dummy, 의료 교육용 인형)를 보고 즉각적으로 처치하고 치료하는 훈련이다. 더미도 보면 한쪽 다리가 절단되어 있거나, 복부에 총상이 나서 장기나 밖으로 삐져나와 있는 모형으로 되어 있다. 계속 출혈이 나고 있는 것도 있고, 숨을 쉬지 않고 있는 더미도 있다. 상황을 파악해서 지혈한다든지, 절단 부위를 빠르게 소독하고 감싼다든지, 복부 장기에 감염이 되지 않게 젖은 거즈로 감싸 매는 것 같은 처치를 해야 한다.

한편 의료진만 처치할 줄 알아야 하는 건 아니다. 해외파병 가는 모든 부대원이 기본적인 응급처치를 할 수 있어야 한다. 레바논 현지에서 의료진을 항상 대동한 채 임무 수행을 할 수는 없다. 그들이 응급처치 할 수 있게 교육하는 일은 우리 의무대의 몫이었다. 따라서 전 부대원을 대상으로 심폐소생술과 응급처치법을 교육해야 한다. 의무대 소속 인원들이 강사의 역할을 맡아서 알고 있는 의학지식을 교육하고 알려주는 것이다. 심폐소생술 이외에도 지혈법, 붕대법에 대한 강의가 진행되며 구급낭 사용법도 알려준다. 구급낭에는 삼각건, 지혈대, 거즈 같은 정말 간단한 물품밖에 없지만, 위급 상황에서는 큰 도움이 될 수 있다. 그래서 부대 밖을 나가 작전을 수행할 때는 팀별로 항생 챙기는 물품이다. 단순해 보이는 물건이지만 사용법은 절대 단순하지 않다. 간단한 물건도 어떤 방법으로 어떻게 사용하느냐에 따라 보물이 되기도 한다. 의무대도 미처 다 몰랐던 사용법을 공부하고 알아가며 부대원에게 강의하고 공유할 수 있었던 기회가 있어 감사했다.

동기들과의 첫 만남, 예방접종

예방접종도 전 인원에게 빠지지 말고 해야 하는 업무였다. 군의관으로서 해외파병 부대원에게 A형간염, 파상풍, 콜레라 등의 예방접종을 실시할 수 있었던 기회는 해외파병 전 장병의 얼굴을 보고, 서로를 알 기회였다. 사실 대규모 인원에서 고작 주위 사람만 알게 되고 친해지는 경우가 대부분인데, 모든 부대원이 나를 거쳐 가는 경험은 나에게는 특별했다. 특히 내가 동명부대원에게 보이는 첫 모습이라고 생각하니 더 친절하고 잘할 수 있어야 한다는 의무감도 들었다. 모든 부대원을 대상으로 의무대가 합심해서 예방접종을 무사히 끝마칠 수 있었다. 전체적인 교육을 받고 자체적으로 훈련도 하는 상황에서 동명부대 20진을 위한 강의와 예방접종까지 온전히 본연의 업무를 무사히 마칠 수 있어서 뿌듯했다. 덕분에 동명부대 20진 레바논 파병이 종료되는 시점까지 전염병으로 고생하는 사람은 없었다. 모든 일을 함께해 준 의무대 모두에게 감사하고 변변치 않은 심폐소생술 강의와 예방접종 후 큰 문제가 없었던 동명부대 20진 여러분께 감사한다.

떠나기 전 준비할 사항 5

무엇을 얼마만큼 준비할까?

레바논에서 의료 활동을 할 때 가장 중요한 것은 의료진의 헌신적인 마음가짐과 노력하는 행동이겠지만, 이것만으로는 완벽한 의료 활동을 보장할 수는 없다. 당연한 말이지만 의료 약품, 의료 물자, 보장구, 주사기, 의료 기구 등의 여러 물자가 충분히 뒷받침돼야 한다. 약품에는 가장 기본적인 알약뿐만 아니라 물약, 연고, 파스, 스프레이형 약물, 주사 앰플 제제, 수액 등이 있다. 물자에는 알코올 소독솜, 드레싱 키트, 거즈, 가위, 바늘과 실, 수액 세트, 산소마스크 등이 있다. 보장구에는 보호대가 있는데 젊은 군인은 운동 중 다치거나 외상을 입는 등의 근골격계 질환이 잘 생기므로 발목, 무릎, 팔목, 팔꿈치, 허리 보호대도 필수다. 스플린트, 목발도 물론 필요하다.

의료 기구는 대개 검사기기를 말하는데, 간단한 것은 청진기, 펜 라이트, 설압자, 혈액검사 검체 용기(bottle)와 시약 등이 있고 복잡한 물건으로는 X-ray 기계, 심전도 기계, 자동 심장 충격기(자동제세동기), 전기 소작기(Bovie, 보비), 혈액검사기, 소변검사기, 환자관찰 모니터 기계(산소포화도, 맥박, 혈압 등), 고압증기 멸균기(Autoclave, 오토클레이브), 흡인기 등이 있다.

인원이 약 300명 정도로 일반 대대 규모지만 해외파병지에서 다양한 질환이 발생할 수 있기에 다양한 물자, 기구, 기계가 없으면 안 된다. 위급하지는 않으면서 부대원에게 많이 발생하는 염좌, 무좀, 각종 피부질환, 감기, 장염 같은 흔한 질환에 대한 대비는 당연히 해야 한다. 건강한 집단이므로 생명을 위협하는 질병의 발생 가능성은 극히 낮지만, 이런 질환이 생기지 않는다는 보장이 없음으로 광범위한 준비는 필수다.

다행히 X-ray, 심전도 기계 같은 복잡한 기계는 이전 진부터 사용하고 있던 물자가 그대로 있기 때문에 새로운 진이 전개할 때마다 매번 구매할 필요는 없다. 다만 실제로 레바논 동명부대 의무대를 가보니 X-ray 기계는 많이 낡았고, 영상을 찍는 카세트 크기가 작아 효용성이 떨어져 새로 구매하는 게 더 좋겠지만 말이다.

부대 내에서나 현지 의료지원 민군작전에서 사용하는 알약, 물약, 연고, 스프레이, 파스, 앰플, 거즈, 주사기, 알코올 솜, 드레싱 세트 등 같은 약품과 물자는 소모품이므로 매번 구매할 수밖에 없다. 국제평화지원단에서 미리 구매하고 비행기 편으로 같이 가지고 가는데, 그 품목이 500개 이상이다. 즉, 500개 이상 약품과 물자 목록을 파악하고 확인해야 한다. 이전 진에서 사용하고 남은 물건은 얼마나 있는지, 남은 물건이 있다면 시효는 충분한지, 대략 하루에 어떤 물자가 얼마나 소모되는지, 하루 단위가 어렵다면 1개월이나 8개월 단위는 어떠한지, 계절에 따른 호발 질병을 대처하기 위해 어떤 약을 추가로 더 구매할지, 레바논에 있는 현지 주민이 주로 어떤 질병을 앓고 있고 같은 약이라고 하더라도 어떤 약을 선호하고 좋아하는지 등 여러 가지를 생각하고 예측해야 한다.

당연히 이전 진 의무대와 긴밀히 연락해서 여러 가지를 물어보고 각종 정보를 알아내야 한다. 한마디로 인수인계가 잘돼야 한다. 바로 전 진이었던 동명부대 19진에서 친절하고 자세하게 정보를 알려줘서 준비하는 데 큰 어려움은 겪지 않았지만, 500개가 넘는 품목을 하나하나 일일이 체크해 가면서 수량을 파악하고 확인하는 일은 만만치 않았다. 국제평화지원단에서 오전과 오후 내내 있는 해외파병 교육을 소화해 가면서 이런 작업을 해나갈 순 없었다. 정규 교육을 빠질 수는 없기 때문이다. 인사과, 군수과, 민군작전과 등 해외파병지에서 행정업무를 담당하는 모든 부서가 그렇듯이 우리 의무대도 밤 시간을 이용해서 해당 업무를 할 수밖에 없었다. 물품을 정하고 수량을 계획하는 건 의무대의 일이지만 그 이후로는 구매요청, 물품 회사를 선택하는 입찰, 구매, 물품 인도, 물품을 항공 물자로 정리 및 분류하는 등의 많은 과정이 있다. 이 모든 과정은 복잡하고 시간이 많이 들기 때문에 결국 물품 소요를 빨리 종합해줘야 한다. 하루만에 가능한 업무가 아니므로 취침 점호가 끝난 후에도 의무대로 모여서 일을 하고는 했다.

한정된 예산 속에서 느끼는 감사와 경험

사실 더 큰 문제는 부족한 예산이었다. 어떤 물품을 우선 선택하고 수량을 얼마나 맞출지 결정하는 것은 결국은 한정된 예산이었다. 최소한, 이 정도는 필요하겠다고 생각하고 약 품목과 수량을 1차로 선택했는데 글쎄 단가와 계산해보니 예산을 훨씬 뛰어넘는 금액이 나왔다. 군의관, 치과 군의관, 수의 장교, 간호 장교, 진료 담당관이 각자가 맡은 물자 모두를 줄여야 했다. 예산에 맞추려니 어쩔 수 없었다. 각 물품을 줄인 2차 물품 소요 종합에서도 예산을 뛰어넘는 금액이 나왔다. 다시 모여서 이걸 줄이면 어떨지, 저걸 안 가져가면 어떨지 토론을 하고 3차, 4차에 걸쳐 종합하고 나서야 예산에 맞게 구매할 수 있는 물품 목록이 최종 정해졌다.

처음에는 적절한 의료서비스를 제공하지 못할까 전전긍긍했었는데 1차, 2차, 3차, 4차 물품 소요 종합과정을 거치면서 자포자기하게 되었다. 예산에 맞춰 모든 물자의 수량을 줄이다 보니 최소한으로 필요하겠다 싶었던 물자는 어느샌가 목록에서 사라졌다. 넉넉하게 가져가야 할 물자는 최소한의 양만 가지고 가야 했다. 없으면 없는 대로 해야겠다는 자조 섞인 마음과 정작 필요한 사람에게 의료서비스를 제공하지 못할 수도 있겠다는 죄책감이 공존했다. 어쩔 수 없이 예산 탓을 했지만, 마음은 편하지 않았다. 넉넉하지 않은 환경이 주는 무력감은 큰 것이었다. 환경이 사람의 의욕을 짓밟을 수도 있다는 사실이 슬펐다. 그렇지만 언제까지고 좌절만 할 수는 없다. 처음에는 좌절하고 분노할 수 있지만, 결국은 주어진 환경을 극복하고 이겨내야 한다. 핑계를 대는 건 나약한 사람이나 하는 것이다. 극복하고자 하면 할 수 있다. 생각이 여기까지 미치자 주어진 물자로 최선을 다해보자는 마음가짐이 생겼다. 불행 중 다행으로 여러 약품 회사나 협회 등에서 기부해준 물자가 큰 힘이 되었다. 해외파병을 간다고 하니 종합감기약, 수액 같은 물자를 좋은 곳에 써달라며 무상으로 주는 회사의 도움이 정말로 고마웠다. 기부받은 물자가 레바논 현지 진료에 큰 도움이 되었다. 실제로 감기약 소요량을 잘 파악했다고 생각하고 레바논에 가지고 갔는데, 레바논에서 진료하다 보니 예상치 못하게 감기 환자가 늘어 감기약의 처방이 늘어났다. 주던 약이 다 소진되어 어떻게 해결해야 하나 고민했었는데, 마침 기부받은 종합감기약이 충분히 있다는 걸 알게 되었다. 이를 적절하게 사용해서 큰 부족함 없이 무사히 치료약을 줄 수 있었다.

선뜻 베푼 기부라는 호의적인 마음이 예산이 부족했던 우리에게는 단비가 되어 레바논 현지 주민들의 아픈 마음에 환한 꽃을 피울 수 있었다고 생각한다. 지금 이 자리를 빌려 약품과 물품을 아낌없이 지원해 준 모든 분께 다시 한번 감사드리고 싶다.

의료 물품 신청은 국제평화지원단에서만 하는 건 아니다. 레바논 현지에서 2차례 정도 더 신청하는데, 이는 해상화물로 받게 된다. 국제평화지원단에서 의료 물품 신청하는 것과는 다르게, 레바논에서 하는 의료 물품 신청은 훨씬 더 잘하게 되는데, 이는 실제로 레바논에서 의료 물품 사용하는 경험이 생기기 때문이다. 또 레바논 해외파병이 끝나갈 때쯤 동명부대 21진에 의료 물품 신청에 대해 인수인계를 하면서 의료 물품 신청에 도가 트인다.

레바논 해외파병이 끝난 지 꽤 오랜 시간이 지났지만 지금도 의료 물품 소요 종합을 하라고 하면 잘해나갈 수 있을 것 같다. 개인의 경험이 사라진다는 것은 아쉬운 일이지만, 새로운 진이 인수인계를 잘

하고 있을 테니 큰 걱정은 하지 않는다. 부디 활발하고 원활한 의사소통이 이루어져서 한정된 예산 안에서도 적절하고 정확한 물자를 구비하기를 바란다. 비록 넉넉하지 않은 예산과 상황을 맞닥뜨리겠지만, 적절한 약품과 물자로 레바논 현지 주민에게 최상의 의료서비스를 제공할 수 있기를 기대해 본다.

개인 준비도 꼼꼼하게

출국 전에 개인적으로 정리해야 할 일을 보자면 다음과 같다.

금융계좌에서 처리해 놓을 게 있다면 미리 관리해두어야 한다. 해외파병 중에 꾸준히 나가는 비용을 가족이 해결해주면 상관 없지만, 혼자 금융처리를 해야 하는 것은 반드시 처리해놓아야 한다. 예를 들면 인터넷 비용, 월세 비용, 입주금 관리, 관리비 자동이체, 가스비 자동이체 이런 것이다.

해외에서도 금융계좌를 사용할 수 있는 여건을 확보해 두어야 한다. 해외에서 인터넷뱅킹이 가능한지, 결제할 때 해당 은행 보안 카드나 OTP 같은 개인 보안 인증확인 매체를 사용할 수 있는지 등이다. 또 레바논에서 카드사 애플리케이션이나 주거래 은행의 인터넷 금융 서비스가 안 될 수도 있으므로 예비 금융계좌 같은 것도 마련해 놓아야 한다. 레바논 현지 통신사를 이용해야 하므로 스마트폰으로 본인인증을 해야 하는 금융서비스나 애플리케이션을 사용할 수 없다. 우리나라에서 우리나라 통신사(SKT, KT, LG U+)를 통해 인증번호를 받아 본인인증 하는 절차를 당연히 레바논에서는 할 수가 없다는 뜻이다. 한국에서 당연히 할 수 있는 스마트폰 본인 인증을 할 수 없어 여러 가지 제약이 생기는 것은 어쩔 수 없지만, 이로 인해 불편함을 겪게 된다는 사실은 비로소 내가 해외에 거주하며 살고 있구나… 하는 것을 여실히 느끼게 해준다.

제13의 월급, 제13월의 보너스라고 불리는 연말정산을 하는 시기에 해외파병지에 있다면 연말정산을 위한 서류를 미리 챙겨가야 한다. 다행인 건 동명부대 차원에서 연말정산을 진행할 수 있게 공지를 하고, 하는 방법을 알려줘 같이 진행한다는 사실이다. 하는 법을 몰라서 혼자 끙끙 앓고 머리를 싸맬 필요가 없다. 다만 그때 필요한 여러 서류는 동명부대에 존재해야 한다. 대표적인 게 주민등록등본, 원천징수영수증 같은 것이고 본인이 처해있는 상황에 따라서는 무주택확인서, 개별(공동) 주택가격확인서, 원금납입증명서 등의 서류가 있다. 반드시 있어야 하는 서류는 미리 신청해서 받아서 실물로 가져가는 게 좋다. 만약 실물로 가져가지 못한다면 나중에 한국에 있는 가족에게 도움을 쉽게 요청 할 수 있을 정도면 괜찮다. 만약 연말정산 준비를 전혀 못 했더라도 '연말정산 경정청구'라는 제도를 통해 귀국 후 뒤늦게 연말정산 내용을 신청할 수도 있긴 하다. 연말정산에 대한 경정청구는 해당 분의 종합소득세 신고기한이 지난날로부터 5년 이내까지 가능하다고 한다. 기왕이면 미리 준비해서 다른 사람들이 할 때 같이 하는 것이 수고스럽지 않고 수월하게 할 수 있는 방법이다.

운전면허증이나 각종 면허증의 갱신 날짜가 해외파병 기간 겹치지 않는지 미리 확인하는 것도 좋다. 해외파병이 끝나고 뒤늦게 처리할 수도 있지만, 때에 따라서는 벌금이나 과태료를 추가로 더 내야 할 수도 있다. 혹시나 해외파병 다녀온 것으로 유예를 해준다고 해도 나중에 레바논 해외파병 다녀왔다는 증명을 하는 게 쉽지 않을 수도 있다. 미리미리 준비해서 나쁜 건 없다. 내 경우도 마침 운전면허 적성검사 기간이 해외파병 기간 중이었다. 미리 운전면허시험장에 연락하고 필요한 서류를 준비해서 원래 적성검사 기간 이전에 적성검사를 실시할 수 있었다.

자동차 보험도 마찬가지다. 특히 자동차 보험은 1년마다 갱신하는 경우가 대부분이므로 8개월의 해외파병 기간 보험을 갱신해야 할 가능성이 매우 높다. 인터넷이 한국처럼 원활하지 않은 해외파병지에서 보험갱신은 쉽지 않다. 미리 확인해보고 대처를 어떻게 하는 게 좋은지 알고 있으면 좋다.

환전도 해야 한다. 레바논 리라로 환전하기는 쉽지 않다. 레바논에서는 자국의 화폐 이외에도 미국 달러가 일반적으로 통용되므로 달러를 가져가자. 1달러에 1,500리라로 고정 환율이다. 거의 부대 내에서 지낸다고는 하지만 은근히 돈이 필요하다. 스마트폰 이용을 위한 통신사 데이터 카드를 사는데 달러가 꽤 많이 들고 또 부대 내 레바논 하우스라는 부대 내 간이음식점에서 간간이 음료나 음식을 사 먹는 데 필요하다.

해외파병지에서 적적함을 달래줄 각종 영상이나 영화를 미리 챙겨가는 경우도 많다. 일반적으로 허용되지 않는 영상이나, 불건전하다고 판단하는 것을 제외하고는 외장 하드에 꽉꽉 채워 넣어 가져갈 수 있다. 해외파병 같이 가는 동료를 미리 알고 있다면 서로 겹치지 않는 영상을 준비해가는 것이 좋다. 스마트폰 정지는 국제평화지원단에서 해외파병 훈련 기간에 일괄적으로 처리하니 개인적으로 미리 할 필요는 없다는 건 정말 편하다.

지금까지 대략 이야기한 내용은 해외파병 전 한국에서 정리하고 처리해야 할 것이다. 꼭 해외파병에만 해당하는 말은 아니다. 해외로 몇 달 이상 장기출장 같은 업무를 처리하러 가는 사람이나, 오랜 기간 어학연수를 위해 해외로 가는 사람, 기타 이런저런 이유로 해외에 장기 체류할 목적이 있는 사람이라면 지금껏 말해온 목록대로 준비하면 큰일은 없으리라 생각한다. 다행히 나는 이런 사실을 선배 군의관에게서 대략 들을 수 있어서 준비를 철저히 할 수 있었다. 다행히 레바논 파병 중, 금전적으로 문제가 생긴 적은 없었고 계약이나 증명 사항에서 불이익은 받지 않았다. 미리미리 준비하고 챙기는 만큼 현지에서 불편함 없이 지낼 수 있기에 해외로 장기간 떠나는 사람은 참고했으면 좋겠다.

이윽고 낯선 땅과 조우하다 6

화려하진 않아도 뭉클한 환송식

어느덧 국제평화지원단에서 해외파병을 위한 소집 교육이 다 끝났다. 가족을 초청해서 최종신고를 하는 환송식만 남아있을 뿐이었다. 해외파병을 위한 훈련과 교육이 주마등처럼 지나가면서 며칠 뒤면 수천 킬로미터 떨어진 미지의 땅으로 간다는 사실이 비로소 실감났다. 걱정이 밀려왔고 한편으로는 담담하게 잘해나가자는 다짐도 생겼다.

환송식 날이 다가왔다. 가족, 친지를 사열대에 두고 동명부대 20진은 연병장에 서서 환송식을 시작했다. 특전사령관님의 말씀이 기억에 남는다.

"그대들의 뒤에는 사랑하는 가족이 있고 조국 대한민국이 있다.

이를 항상 명심하고 부디 한 사람도 크게 다치는 일 없이 무사히 임무를 완수하고 복귀하라"

무거운 책임감이 가슴을 짓눌렀다. 이후 단상 위에 있는 가족 친지에게 서로 정식으로 인사하는 순서가 되었다. "단결" 구호를 외치며 거수경례하자 가족은 박수와 환호로 화답했다. 우리와 같이 거수경례로 답례를 하는 분도 있었다. 화답해주는 모습을 보자 마음이 뭉클하고 울컥했다. 경례 곡이 울리는 짧은 시간 동안이었지만, 그 자리에 있는 모두는 서로에게 애틋함과 뭉클함을 느꼈으리라 생각한다.

마지막으로 사령관님께서 단상 아래로 내려와 1열의 부대원과 악수하고 포옹을 나누었다. 가족을 남겨두고 떠나야 하는 뭉클한 마음을 뒤로하고 대한민국의 대표로서 충분히 잘해나갈 수 있다는 자신감이 들었다. 모든 동명부대원이 단상 위로 올라가 마지막으로 구호를 외치며 그날의 환송식은 그렇게 끝이 났다.

분명 화려한 환송식은 아니었다. 어떻게 보면 평범한 그 날의 환송식이 나에게는 인상 깊은 장면으로 남아있다. 레바논에서 스트레스를 받거나 힘이 들 때 나는 이날의 환송식을 생각하며 마음을 다잡을 수 있었다.

드디어 출국

2017년 12월 초의 어느 어둑한 새벽, 차고 매서운 겨울의 칼바람을 뚫고 출국을 위해 공항으로 향했다. 드디어 레바논으로 출발하는 날이다. 출발 일은 한파 특보가 발령되고 서울 아침 온도는 영하 8도, 체감온도는 영하 10도 이하를 기록했다. 출국 전 공항에서 대기하던 중 만난 행운도 있었다. 공군 군의관으로 근무하던 20년 지기 오랜 친구를 우연히 볼 수 있었던 것이다. 친구의 진심어린 응원 덕분에 정말 힘이 났다.

마침내 출국할 비행기가 활주로에 섰다. 대기하던 우리는 이제 활주로로 갔다. 군악대가 추운 겨울에 나와서 떠나는 우리를 배웅했고, 비행기 앞에서 1제대가 전체 사진을 찍었다. 해외파병 교육센터장님의 악수와 진심 어린 배웅 인사를 받으며 비행기에 올랐다. 공항에서 뜨거운 환영을 받으며 비행기에 앉아 출발하려니 막상 홀가분한 기분이 들었다.

출국 전 내 주위 사람과 직접 만나고, 전화하고, 메시지를 주고받으며 나를 응원하고 격려해 주는 사람이 많다는 것을 알 수 있었다. 진심 어린 마음을 충분히 느낄 수 있었다. 나 자신을 위해서만이 아니라 내 주위 사람들을 위해서라도, 아니 그 주변의 주변 사람과 우리나라 국민을 위해서라도 마음가짐을 바로 해서 잘해나가야겠다고 다짐했다.

레바논으로 떠나는 비행기 앞에서

약 12시간의 비행 끝에 지중해와 맞닿아 있는 레바논 베이루트 국제공항에 도착했다. 공항에 내려 UN 버스를 타고 대기 장소로 이동해서 잠시 대기했다. 레바논 국영항공사인 중동 항공(Middle East Airline, MEA)이 운영하는 공항 내 주차장 같은 광장이다.

분명 레바논도 겨울이었지만 날씨는 우리나라 선선한 가을 수준이었다. 지금 시각은 저녁이었고 영상 22도였다. 분명 한국에서는 영하 10도 이하의 매서운 추위를 경험하고 왔었는데…. 무려 하루에 30도 넘는 온도를 경험한 셈이었다. 서늘하고 기분 좋은 밤바람이 그동안의 비행에 쌓인 피로를 씻어줬다. 대기하고 있던 광장에서 멀리 보면 먼 산 낮은 언덕에 있는 레바논 주택 건물이 빼곡히 보인다. 언덕 위의 무수히 많은 작은 불빛을 보고 있노라니 하루 일을 끝내고 오순도순 행복을 이야기하는 따뜻한 가정의 모습이 생각났다. 우리를 따뜻이 맞이해 주는 포근한 느낌을 아주 먼 이국땅에서 느낄 수 있었다. 모든 것이 왠지 잘 풀릴 것만 같은 기분 좋은 첫인상을 받았다.

동명부대에 도착하다

공항에서 동명부대까지는 약 90km 정도다. 베이루트에서 동명부대가 있는 티르까지 가려면 버스 같은 교통수단을 이용해야 한다. UN군의 상징인 파란색 방탄모자 '블루 헬멧'을 머리에 쓰고 방탄복을 입고 버스에 올랐다 (그래서 UN 평화유지군을 블루헬멧이라고 부르기도 한다). 무거운 방탄모를 쓰고 방탄복을 입고 있자니 이곳이 위험한 중동의 땅이라는 사실을 몸으로 느낄 수 있었다. 약 두 시간 동안 쉴 새 없이 달려, 서울에서 장장 23시간 만에 동명부대에 도착했다. 설렘, 떨림, 불안감 등의 온갖 감정과 함께 내 몸은 분쟁의 땅에 안착했다.

동명부대 단장님께 도착 신고를 했다. 단장님은 임무완수를 성공적으로 하고 뜻한 바를 이루며, 더 나은 사람으로 거듭나라고 말씀을 했다. 긴 8개월이라는 레바논 생활이 절대 짧지 않기에 그 시간을 헛되이 흘려보낼 게 아니라, 더욱더 훌륭한 사람으로 발전하라는 단장님의 말씀은 경험에서 우러나온 것이었다.

도착 다음 날 아침은 깨끗하고 청초했다. 앞으로 8개월간 지내게 될 부대를 산책하기로 했다. 부대를 돌아다니다가 발견한 것은 저 멀리 있는 넓게 펼쳐진 지중해였다. 정확한 부대 위치가 어딘지 모르는 상황에서 마주한 지중해는 신비함 그 자체였다. 비로소 나는

동명부대

우리 부대가 지중해에 가까이 자리 잡고 있음을 알 수 있었고, 지중해를 접한 레바논 땅에 내가 서 있음을 알 수 있었다.

레바논 속의 작은 한국

동명부대는 약간 원 모양인데 길이(지름)가 약 350m 정도 된다. 동명부대원은 개인적으로 바깥에 자유롭게 드나들 수 없어서 약 330여 명의 장병이 약 96,000㎡의 넓지 않은 면적의 장소에서 생활한다. 축구장으로 따지면 13～15개 정도의 축구장 크기인데, 이 안에 모든 시설이 다 있어야 한다. 생활공간, 업무공간, 복지시설, 창고, 주차장 등의 모든 공간이 이 공간 안에 있다. 따라서 동명부대는 완벽한 커뮤니티를 형성하고 있는 온전한 마을이어야만 하고, 부대 내에서 모든 것을 해결할 수 있어야 한다. 부대 내에 웬만한 시설은 다 있다. 부대 내 업무를 보는 사무실부터 해서 숙소를 포함한 화장실, 샤워실, 세탁방 같은 생활 시설은 당연히 갖춰져 있다. 식당, 회의실, 소규모 토의실, 헬스장, 탁구장, 북카페, 인터넷을 할 수 있는 사이버 지식 정보방, 영화관, 노래방, PX, 풋살장, 테니스코트, 배드민턴 코트, 농구코트 등의 편의시설이 있다. 물론 완벽히 갖추어진 시설은 아니지만 이용하기에 큰 어려움은 없다.

코리아 홀(Korea Hall)은 식당이다. 기본적으로는 삼시 세끼 밥을 먹는 식당이지만 실제로는 다용도 공간이다. 전체적으로 좁은 동명부대에서 큰 건물을 더 지을 수 없는 땅이 없을뿐더러 코리아 홀 자체의 내부공간이 넓기 때문이다. 동명문화의 밤 행사 시 주요 무대가 되며, 특별 공연이 있을 때는 문화 콘서트장이 된다. 또 메달 퍼레이드나 UNIFIL 소속의 외국부대와 함께 합동하는 교류 행사 같은 때에는 대규모 연회장이 된다.

연병장도 멀티 플레이어 같은 공간이다. 아침에는 점호하는 연병장이고, 운동 시간에는 풋살장, 테니스장, 농구장, 배드민턴장, 캐치볼 공간, 개인 운동 공간 등의 체육시설로 변한다. 매달 있는 동명 체육대회 때는 운동장으로 사용한다. 또 대외 행사 시 진행하는 공연, 태권도 시범 공연, 특공무술, 전통무예에서는 훌륭한 공연장이 된다. 메달 퍼레이드 때는 하나가 되는 화합의 장이다. 좁은 부지를 알차게 사용해야 하므로 하나의 공간에 여러 활동을 할 수 있도록 효율적으로 사용하고 있다.

부대 내를 크게 한 바퀴 도는 트랙이 있다. 동명부대와 바깥을 구분하는 울타리가 동명부대를 감싸고 있는데, 그 울타리 안쪽에 포장된 길이 바로 트랙이 된다. 아침 뜀걸음 시 이용하는 길이고 개인이 운동을 위해 달리기를 하거나 걸을 때 이 길을 주로 이용한다. 한 바퀴를 돌면 약 1㎞ 정도 되는데 높낮이 경사가 꽤 심하다. 평지로만 이루어져 있으면 달리기에 매우 좋겠지만, 오르막 내리막 하는 구간이 3구간 정도나 있고, 그 높낮이도 꽤 차이가 크다. 실제로 누가 체크를 해봤더니, 가장 낮은 구간과 가장 높은 구간이 아파트 4층 높이 정도였다고 한다. 급 내리막, 급 오르막 구간도 있어 달리기할 때 발과 무릎에 무리가 많이 갈 수밖에 없는 건 어쩔 수 없다.

레바논 하우스(Lebanon House)라는 현지인이 운영하는 작은 음식점이 부대 내에 있다. 보통 피자, 샌드위치, 햄버거, 감자튀김처럼 간단하게 먹을 수 있는 음식과 탄산음료와 무알코올 맥주를 판매하는데 레바논에서 자주 먹는다는 양고기, 양갈비도 꼬치 형태로 구워서 판매하기도 한다. 가끔 싱싱한 새우를 구워서 팔기도 한다. 레바논 하우스 내 한구석에는 물건을 판매하는 작은 공간도 있다. 여기에는 없는 게 없다. 아무래도 동명부대라는 울타리 밖을 나갈 수 없다 보니 해외파병지에서 생활하기에 도움이 되는 물건이 많다. USB 포트, 이어폰, 헤드폰, 스피커, 헬스 보충제, 라이터, 매트, 아령, 신발, 향수, 샴푸, 머그컵, 과자, 장갑, 양말, 속옷, 티셔츠, 운동복, 점퍼, 가방, 군복 패치, 조그마한 레바논 기념품 등… 정말 조그마한 공간에 모든 물건이 다 있다. 간단한 음식점이자 온갖 종류의 물건이 있는 레바논 하우스는 모든 동명부대원이 이용하는 사랑방 같은 공간이다.

여름에는 동명부대 최초로 부대 내 자투리 공간을 이용해서 전투수구장을 개장했다. 전투수구장이란 작은 수영장이라고 보면 된다. 크기는 약 15m x 6m 정도의 대형 욕조 같은 시설에 물을 담아 수영도 할 수 있고 공놀이도 할 수 있게 한 것이다. 물이 가득한 수구장 옆으로는 누워서 햇볕을 쬘 수 있는 선베드(Sunbed)가 있어 태닝을 할 수도 있다. 레바논의 여름 날씨는 습도는 높지 않은데 온도가 높고 햇볕이 따갑다. 강렬한 더위다. 여름에 전투수구장이 개장하고 나서, 진료 보러 오는 환자도 늘었다. 태닝 한 이후에 피부가 가렵고 따가워서 오는 부대원, 수영과 물놀이를 하면서 귀에 물이 들어가 고생하는 부대원 등이다. 다행히 심각하지 않았던 수준의 질병이라 금방 회복되고는 했다. 비록 진료해야 하는 환자가 조금 늘었지만, 동명부대원이 해외파병 생활의 스트레스를 풀 수 있는 수영과 같은 여가를 즐길 수 있다는 점은 굉장히 고무적이다. 혈기 왕성한 건장한 청년이 젊음의 에너지를 발산할 수 있는 전투수구장 같은 복지시설이 더 늘어나길 바란다.

컨테이너에서 생활한다는 것

동명부대 건물 대부분은 거의 다 컨테이너로 이루어져 있다. 보통은 8~9명이 컨테이너 하나를 생활관으로 사용한다. 물론 다 그런 건 아니다. 컨테이너 내부를 나눠서 개인이 조그만 공간을 혼자 사용하는 경우도 있고, 3~4명이 함께 사용하는 경우도 있다.

컨테이너는 크기가 고정되어 있으니 당연히 함께 생활하는 사람의 수가 많아질수록 개인사용 공간은 줄어든다. 예를 들면 내가 살던 컨테이너 방은 5명이 사용했으므로 각자가 꽤 넓은 책상 한 개씩을 사용할 수 있었다. 그런데 8~9명이 생활하는 공간은 이럴 수 없다. 병원 침대에서 사용하는 식판 같은 좁은 책상을 침대 위나 옆에 두고 생활해야 한다. 같이 생활하는 사람이 많다면 외롭거나 심심하지는 않다는 장점이 있지만, 개인 생활을 중요시하거나 혼자만의 휴식을 취하고 싶을 때는 도리어 스트레스 요인이 된다.

컨테이너 생활은 생각보다 불편하다. 우선 바닥이 매우 차갑다. 가을과 겨울에는 바닥에서 냉기가 스멀스멀 올라와 춥다. 바닥이 철판으로 되어 있으니 걸을 때 쿵쿵거리는 소리가 전 컨테이너를 울리는 것도 문제다. 거기에 바람이 세차게 불면 벽을 통해 찬 기운이 스며들어 오고 비가 떨어지면 고스란히 빗소리가 고막을 사정없이 때린다. 촉촉하게 내리는 비는 컨테이너와 함께 운치 있는 빗소리를 연주해주지만, 보통은 스콜처럼 비가 강하게 흩뿌려진다. 우두둑 떨어지는 빗소리는 자다가도 깰 정도로 크게 들린다. 더 큰 문제가 있는데 바로 비가 샌다는 거다. 의무대 내부는 비만 오면 빗물이 벽을 타고 새어 들어와서 바닥에 물이 흥건해지기 일쑤였다.

또 다른 불편한 점도 있다. 컨테이너에 들어갈 때는 반드시 신발을 바깥에 벗어두고 들어간다. 문제는 야외에 이상한 생물체가 많다는 사실이다. 특히 부대 내에 전갈과 지네가 발견되어 신발을 신을 때 반드시 안에 한 번 확인하고 신어야 했고 야외활동에도 주의해야 했다. 또 부대 울타리 근처에서 뱀이 발견되기도 했다.

그래도 좋은 건 컨테이너 문을 열고 나가면 바로 야외를 만난다는 거다. 바로 밖의 공기를 마실 수 있고 햇살을 느낄 수 있는 환경이야말로 진짜 사는 거다. 한국에서 살 때, 현관문을 열면 또 다른 실내 공간인 복도를 만나고 엘리베이터를 타야 했다. 이후에나 비로소 바깥세상을 마주할 수 있게 된다. 인간의 힘이 가미되지 않은 닫힌 공간이 아니라 문을 열어 바로 자연과 만날 수 있다는 건 분명 좋은 일이다. 아침 햇살을 바로 받을 수 있어 좋고 평상 앞에 앉아 바람을 느낄 수 있어서 좋다. 햇살 좋은 날, 야외에 설치된 빨래 건조대에 빨래를 널어놓으면 두어 시간 만에 바짝 마르는 것도 행복이다.

그렇지만 컨테이너 건물은 취약한 게 사실이다. 새삼스레 한국에서 생활했던 건물에 감사함을 느낀다. 평소 아무렇지도 않게 생활했던 아파트며, 병원 건물이며, 상가 건물이 정말 수준 높은 훌륭한 건축물이었다. 바람을 넉넉히 막아주고 따뜻한 바닥이 체온을 포근하게 유지해 주며 비가 새지 않는 쾌적한 공간에서 지낼 수 있게 해준다는 사실은 큰 행복이다.

다행히 부대 차원에서 지원이 이루어져, 동명부대 22진부터는 생활관 컨테이너를 더 사용할 수 있게 되었다고 한다. 생활관용으로 컨테이너를 더 구매한 것이다. 덕분에 비교적 쾌적한 공간에서 생활할 수 있게 개선됐다. 동명부대원이 직접적으로 느낄 수 있는 적절한 지원이 이루어진 것이다.

우리는 평소에 도처에 널려 있는 행복을 잠시 잊고 산다. 맛있는 음식, 자연재해에도 편히 지낼 수 있게 해주는 아늑한 공간 같은 것들이다. 당연하게 생각했던 것들이 불편함으로 돌아와 나를 괴롭힐 때, 비로소 고마워할 수 있게 되나 보다. 해외파병지에서 지내면서 공간과 건축이 주는 행복감을 깨달을 수 있었다. 한국에도 컨테이너에서 생활하는 사람이 있다. 건설 업무 같은 현장에서 지내는 분들이 대표적일 것 같다. 모든 건물을 쾌적하게 지으면 좋겠지만 현실적인 여러 이유로 컨테이너 생활 자체는 없어지지 않을 것 같다. 이유야 어찌 됐건 컨테이너에서 생활하는 분들의 불편함과 어려움을 누구보다 잘 알 수 있게 되었다. 또 그런 환경에서 본인의 업무를 묵묵히 수행하고 지내는 분들에게 감사함을 느낀다.

궁핍하거나 풍족하거나

부대에는 정전도 꽤 일어난다. 다행히 정전 시간이 길지 않아 일상생활에 지장을 줄 정도는 아니다. 보통 정전은 1분 내외로 짧게 일어나는데 정확하진 않지만 한 달에 1~2번 정도는 발생하는 것 같다. 겨울철 폭우가 잠깐 내리거나 강풍이 불어도 한 번씩 정전이 일어난다. 한국에 있을 때는 정전이란 걸 크게 겪어보지 않았기에 정전이 익숙하지 않았다.

현지 의료지원 민군작전으로 진료하는 관청에서도 한 번씩 정전이 생긴다. 정전의 빈도가 꽤 잦았는데, 왜 그런지 궁금해서 현지 통역인에게 물어봤더니 전기가 비싸다는 대답을 들었다. 전기료를 정부에도 내고 전력을 공급하는 회사에도 낸다고 한다. 전기가 만들어져 배분하는 시스템도 완전하지 않고, 비용도 비싸다 보니 정전이 잘 발생할 수밖에 없는 구조다. 전체적으로 레바논 남부지역 자체가 전력 사정이 좋지 않다고 했다. 심지어는 물자를 사러 나간 마트에서도 정전은 일어난다. 해외파병 동안 나는 지역 대형 마트를 나갈 일이 3번 정도 있었는데 그때마다 정전을 겪었다. 우리나라로 따지면 이마트, 홈플러스 같은 창고형 대형 종합마트 급 규모였는데, 정전은 심심치 않게 일어난다. 잠깐이긴 하지만 정전이 일어난다는 사실이 정말 놀라웠다.

진 전개 초반에는 따뜻한 물도 쓰지 못하는 날도 있었다. 아무리 중동이라지만, 겨울철 중동의 밤도 쌀쌀하고 춥다. 온수는 한정되어 있어 앞 부대원이 많이 사용하면 뒤 부대원은 찬물로 씻어야 하는 상황이 오기도 했다. 또 어쩌다가는 온수 기계가 고장이 나면서 몇 주간은 찬물로만 씻어야 하는 상황도 있었다. 다행히 금방 수리했고 온수 기계가 잘 작동하면서부터는, 찬물로 샤워해야 하는 문제는 없어졌다. 또 건기에는 물이 부족해서 물을 아껴 써야 했다. 어떤 때는 펌프의 고장으로 물을 아껴 써야만 했다. 부대 차원에서도 물을 아껴 쓰자는 공지를 하기도 했다.

소소한 문제로 잠시 불편함을 겪었으나 이는 해외파병 생활에서 경험할 수 있는 수준의 불편함이라고 생각한다. 앞서 말했듯이 동명부대에는 웬만한 시설이 다 갖추어져 있어 지내는 데 크게 불편하지 않았지만, 우리 부대 내 없는 장소와 환경 때문에 곤란했던 사실도 있었다. 한번은 UNIFIL 사령부 회의로 각 나라의 대표 인원이 동명부대를 방문했다. 부대에서 제공하는 점심 식사를 마친 뒤 우리나라 통역병에게 부대 내 커피숍이 어디 있냐고 당연하게 물어보더란다.

UNIFIL 내의 다른 나라 부대는 아마도 당연히 이런 장소가 있는 게 틀림없다. 동명부대에는 커피나 간단한 음료를 판매하는 매장이나 이를 마실 만한 공간이 없다. 아마 부대 차원에서 커피 매장을 차리고 운영하는 게 쉽진 않은 것 같다. 어쨌든 안내를 담당하는 통역병이 그런 공간이 없다고 멋쩍게 이야기하자 그럼 PX는 어디 있냐고 물어보더란다. 늘 그렇듯이 PX는 팔 수 있는 물건이 조기에 다 소진되어 운영하지 않고 있었다. 이용할 수 없다고 했더니 외국군이 더 놀라는 눈치였다. 장병을 위한 커피나 스낵 같은 복지시설이 미흡한 것처럼 느껴졌기 때문이다. UNIFIL 소속의 다른 나라 부대원이 방문했을 때를 대비해 커피 매장을 설치하고 운용하는 건 힘든 일일 수도 있다. 그러나 커피 매장의 설치는 동명부대원의 복지 향상을 위해서이기도 하므로 그런 공간이 있었으면 좋겠다고 생각해본다.

한번은 인도 군의관이 테니스 대회 때문에 우리 부대를 방문해서 2박 3일 정도 지낸 일이 있었다. 갑자기 묻는 이야기가, 왜 오후에 부대 밖으로 나가지 않느냐는 거다. 마켓을 가지도 않고 바람을 쐬러 나가지도 않느냐는 말이었다. 동명부대는 일과시간 이외에 평소 부대 밖을 나갈 수 없다고 대답하니 흠칫 놀라는 눈치였다. 그러면 답답해서 해외파병 생활을 어떻게 하느냐고 물었다. 나는 부대 내에서 지내도 충분하다고 애써 돌려 말했다. 다른 나라 부대는 부대 밖으로 자유롭게 나가는 것을 허락하고 있다. 동명부대는 부대원의 안전을 고려해서 개인 수준의 외출은 금지하고 있다. 외출할 때의 현지 지역 환경은 다른 나라 UNIFIL 부대원이나 동명부대원이나 비슷할 텐데 동명부대원 전체가 외출이 통제된 상황에서 계속 지내야 하는지는 한번 생각해 봐야 할 것 같다.

하나 더 말하자면 수검을 위해 방문한 UNIFIL의 다른 나라 부대원은 와이파이가 부대 내에서 왜 잡히지 않느냐고 반문하기도 했다. 우린 와이파이가 없다고 하자 말도 안 된다는 표정을 지었다.

동명부대 내 생활이 충분하다고 해도 UNIFIL내 다른 나라 부대와 비교했을 때 통제된 조건 속에서 지내고 있는 건 사실이다. 부대마다 처해있는 상황이 다르니 모든 조건이 같을 수는 없겠지만, 그래도 대다수의 다른 나라 부대가 허용하는 일은 동명부대에도 적용 가능할 것 같다.

부족한 부분도 있지만, 당연히 넉넉한 점도 있다. 동명부대의 예산은 UNIFIL 다른 나라 부대에 비해 넉넉한 편이다. 합동참모본부와 국회에서 승인이 잘 이루어졌기 때문이라고 들었다. 마을에 포장도로를 만들어 주고, 상·하수도를 개선해주고, 지역 학교의 시설 개선 및 물자 지원 등의 활동을 다른 부대보다 꽤 많이 해줄 수 있는 이유도 여기에 있다. 정기적인 태권도 민군작전이나 현지 의료지원 민군작전도 다 따지고 보면 비교적 넉넉한 예산 때문이다. 부식 구매비도 넉넉하다. UN 자체에서 보급하는 유제품이 있는데 사실 양이 충분하지 않다. 부식 구매비로 현지 유제품을 추가로 구매해서 넉넉히 먹고 있다.

물도 페트병에 담긴 생수를 부대구매비로 사 먹는다. 개인당 하루 약 700원 정도다. 주변 부대에서는 주로 정수해서 물을 먹는데 여기 물은 석회화된 물이라고 한다. 최고 수준의 정수시설을 갖춘 우리나라의 수도 시스템과는 비교하는 게 어불성설(語不成說)일 수도 있지만, 이 지역의 정수시설은 낙후되어 있고 제 기능을 다 하지 못한다고 한다. 동명부대는 식사비용의 일부를 가지고 생수를 구매하긴 하지만 깨끗한 물을 수질 걱정 없이 마실 수 있다는 사실은 큰 행복이다. 41개국 UNIFIL 국가 중 생수를 먹는 부대는 거의 우리나라 부대가 유일할 정도라고 한다. 해외파병 부대에서 누릴 수 있는 작은 도움이 크게 다가오는 것은 해외파병 부대에 대한 정부 기관의 아낌없는 지원 때문이다. 사실 더 나아가서 생각해보면 그 뒷받침에는 우리나라 국민 개개인의 헌신과 도움이 있기 때문이라 생각한다.

해외파병 생활에는 분명 좋은 점도 있고 아직 미흡하고 부족한 점도 있다. 한국에서만큼 향상된 생활을 할 수는 없지만, 점차 부족한 부분을 개선해 나가면서 동명부대원의 복지가 나아지고 본인의 임무를 더욱 잘 수행할 수 있도록 발전해 나간다면 더할 나위 없이 좋겠다.

chapter 2

레바논,
임무를
시작하다

LEBANON

정예멤버의 집합소 1

도착한 지 약 1주일이 지나고 나서야 비로소 동명부대 20진의 임무가 정식으로 시작했다. 약 1주일의 기간은 동명부대 19진과 20진이 임무를 공유해서 수행하는 징검다리 구간이었다.

정식으로 임무를 시작하는 날에 동명부대에 귀한 손님이 찾아왔다. 대통령 특사로 청와대 비서실장님이 여러 국방부 관계자, 외교부 관계자와 함께 부대를 방문한 것이다. 타국에 떨어져 임무 수행을 하는 우리 동명부대원을 격려하며 같이 점심을 먹는 자리였다. 해외파병 부대의 부대원으로서 조국에 불명예스러운 행동은 금해야 하고, 우리나라에 대한 바른 인식을 심어 줄 수 있는 외교 사절단의 역할까지 수행할 수 있어야 함을 느낀 자리였다. 막중한 책임감이 내 정신을 번쩍 깨웠다. 그렇게 나의 해외파병 생활이 본격적으로 시작했다.

먼저 함께 임무를 수행한 사람들을 소개해보려 한다. 앞서 이야기했듯이 동명부대는 특전사 부대를 모체로 해서 다양한 병종이 모여 단독으로 임무를 수행할 수 있도록 구성되어 있다. 다들 각자의 분야에서 뛰어난 사람들이 모여 있지만 내가 해외파병 동안 인상 깊었던 사람은 바로 특전사였다. 동명부대에 합류하기 이전까지 특전사라는 이름만 들어봤지, 특전사 부대원을 만나본 적이 없었기에 아무것도 몰랐다. 그러나 실체를 옆에서 보고 같이 지내고 나니 대단하다는 생각이 이제는 먼저 든다.

안전을 책임지는 특전사

특전사는 특수전사령부 소속의 대한민국 육군 최정예부대로 부사관 이상의 직업 군인으로 구성된다. 최정예인 만큼 특수하고 어려운 임무를 수행해야 하므로 기본적인 체력이 뒷받침돼야 하는 건 당연하다. 기본적으로 강인한 체력 없이는 모든 임무 수행이 안 되기 때문에 어마어마한 운동량을 소화해내는 건 기본이고, 일반 군인들이 측정하는 체력기준보다 더 높은 수준을 요구한다. 또한 특수임무를 수행하기 위한 지식도 풍부해야 하며 강인한 정신력은 필수다. 즉 특전사는 신체적, 정신적으로 모두 월등해야 한다.

특전사 부대는 레바논에서 고정감시, 도보정찰, 기동정찰을 하며 지역사회와 동명부대의 안전을 책임진다. 고정감시는 주요 도로에 위치하는 감시 초소에서 테러 의심 차량을 식별하고 불법 무기의 유입을 막는 업무다. 도보정찰은 위험 요소를 사전에 인지하고 확인하기 위해 말 그대로 걸어서 정찰하는 임무다. 기동정찰 역시 위험요소를 확인하기 위해 비교적 넓은 지역을 정찰한다. 바라쿠다(Barracuda)라고 하는 장갑차를 타고 동명부대가 맡은 넓은 지역을 확인하는 것이다. 이 세 가지 업무는 24시간 365일 계속된다. 공휴일도 예외는 없다. 낮과 밤을 가리지 않고 24시간 쉬지 않고 교대로 근무한다. 이렇게 보이지 않는 곳에서 24시간 본인의 업무를 수행해 준 특전사 부대원이 있었기에 큰 사고 없이 안전하게 레바논 파병 생활을 마칠 수 있었다.

비밀스러운 제707특수임무대대

동명부대에는 특전사에 더해 특전사 중의 특전사라 불리는 이들이 있다. 특전사 중에서도 최고 정예부대인 '백호 부대'다. 바로 제707특수임무대대다. 레바논에서는 주로 대테러와 경호의 임무를 띠고 있어 '대테러 부대', '대테러 팀'이라고 불렀다. 특전사는 언론에 노출되는 편이지만, 제707특수임무대대는 얼굴과 훈련 모습을 공개할 수 없기에 언론에 거의 나오지 않는다. 아마 실제로 이런 부대가 있다는 걸 알지 못하는 사람이 대부분이지 않을까 생각한다.

개개인의 복무 여부부터가 모두 국가 2급 보안기밀로 대원의 신원, 임무, 부대 규모, 자세한 훈련 내용도 모두 알려지지 않은 부대이다. 실제로 같이 생활하면서 물어보니 사진도 함부로 찍히면 안 된다고 했다. 그만큼 기밀에 부쳐진 우리나라 최고의 부대이다. 이들은 국가 수장의 경호를 맡거나 정치나 외교적인 극비사항 기밀 임무를 수행할 수 있다.

의무대와 대테러팀은 꽤 친해지게 된다. 현지 의료지원 민군작전에 경호팀으로 임무를 수행하기 때문이다. 대테러 팀과는 초반에는 서먹서먹하지만, 어느 정도 시간이 지나고 서로를 알게 되면서 친해진다. 무서울 것 같은 인간 병기도 알고 보면 우리 같은 평범한 사람이다.

주민의 생명과 삶을 지키는 폭발물 처리반

EOD (Explosive Ordinance Disposal) 라고 부르는 폭발물 전문 처리반도 있다. 폭발물 처리 전문교육을 받은 부대원을 중심으로 편성되어 있다. 인원이 많지 않아 소규모의 대원이 매일 같이 임무를 수행한다. 이들은 동명부대가 맡은 마을을 이동하며 숨은 폭발물을 찾아내고, 제거하는 일을 도맡아 한다. 비우호적인 세력이 설치해 둔 전자 폭발물이 전파를 통해 폭발하는 때도 있어서 반드시 전파교란 장치를 설치한 차를 타고 이동한다. 전파교란 장치에 영향을 받지 않는 군전용 통신을 통해 서로 간에 의사소통하며 작전을 수행한다.

나는 말로만 들어보던 폭발물 처리반이라는 부서에서 일하고 있는 사람을 처음 만났다. 그것도 머나먼 타국 땅인 레바논에서! 흔하지 않은 기회에 궁금한 점이 이만저만 아니었다. 과연 폭발물을 어떻게 처리하는지가 가장 궁금했다. 긴장감을 일으키고 폭발물 처리를 멋있게 해내는 영화 속 장면 그대로, 실전에서 폭발물을 처리하는지가 궁금했는데 폭발물 처리반 대원과 친해져 드디어 이 무식한 질문을 해볼 기회가 생겼다. 폭발물 처리반 반장님은 빙긋 웃으며 영화에서 보는 처리 방법은 실제로는 거의 없다고 대답했다. 보통,

폭발물을 발견하면 액체 질소 같은 안전한 곳에 폭발물을 담가 안전한 장소로 이동한 다음에 폭발물을 처리한다. 또 폭발물을 해체하기보다는 폭발물을 터뜨려 처리하는 편이 덜 위험하다고 한다. 폭발물 해체하는 과정에서 사상자가 더 발생할 수 있기 때문이다. 실전에서는 오히려 더 합리적이고 안전한 처리 방법으로 우리의 생명을 지켜주고 있었다.

폭발물 처리 업무 이외에도 중요한 이야기를 들었다. 바로 현지 지역 주민과 신뢰를 쌓는 일이라고 했다. 결국 숨겨진 폭발물을 일일이 다니며 찾는 것도 한계가 있다. 지역 주민과 신뢰를 잘 쌓아 놓으면 폭발물 신고를 더 잘 받을 수 있게 되어 작전에 도움이 된다고 한다. 그렇지만 꼭 신고를 잘 받기 위해서 신뢰를 쌓아야 하는 것은 아니라고 했다. 레바논 현지 주민의 생명과 삶을 지켜주고 안전을 책임져 주는 활동을 실시하기에 앞서, 먼저 친근하게 다가가 그들과 함께하고 그들을 이해하는 과정이 첫걸음이 돼야 하는 것은 당연하다. 폭발물 처리에 앞서 레바논 주민의 신뢰를 얻고 레바논 주민과 우정을 쌓는 것은 매우 중요하다.

모두의 입과 귀, 통역병

동명부대에는 10명의 통역병이 있다. 7명의 영어 통역병과 3명의 아랍어 통역병이다. 당연하지만, 통역병의 업무는 통역이다. 그런데 통역을 해야 하는 업무의 범위가 다양하다. UNIFIL 소속의 다른 나라 부대원을 만날 때, 레바논 현지 주민을 만날 때처럼 사람을 만날 때는 물론, 평상시 UNIFIL의 사항을 문서로 받거나 연락하는 등의 행정적인 업무도 맡는다. 각 통역병이 동명부대의 행정부서에 각각 소속되어 평상시에는 행정 업무 통역을 담당하고, 특별한 이벤트가 있으면 부가적으로 통역을 담당하는 일을 한다. 또 의무대와 관련해서는 현지 의료지원 민군작전을 펼칠 때 항상 아랍어 통역병 1명이 고정되어 같이 현지 마을로 가서 통역 업무를 맡는다. 본인의 주된 업무 이외에도 추가적인 일이 항상 있으므로 단순 통역 업무 이외에도 일이 많다. 게다가 통역이라는 일 자체가 각 나라의 문화가 녹아있는 언어를 이해하고 미묘한 차이를 섬세하게 전달하는 일이므로 여간 어려운 일이 아니다. 장시간 통역하는 일에 집중하면 머리가 어지럽고, 고된 육체노동을 한 것처럼 힘이 드는 건 당연하다.

아랍어 통역병은 보통 국내 대학교 아랍어과에 재학 중이거나 졸업하거나, 아니면 아랍권 국가에서 산 경험이 있는 사람이 선발된다. 특히 통역병은 해외에서 거주했던 경험이 있으면 선발 가산점이 있다고 한다. 세부 기준은 알 수 없지만, 영어 통역병에게 물어보니 최소 6년 정도는 다들 영어권 국가에서 살았던 경험이 있다고 한다. 영어 통역병 중에서는 해외에서 살다 오지 않은 사람은 없었다.

한 아랍어 통역병은 동명부대에 오고 나서 이슬람 대한 편견이 깨졌다고 한다. 무슬림은 독실하게 종교를 믿어 이슬람이 곧 삶이라는 막연한 편견이 있었다고 한다. 또 급진적이거나 과격할까 봐 걱정이 많았다고 했다. 막상 레바논에 와보니 그렇지 않다는 것이다. 종교의 다원성을 인정하는 국가인 레바논이라 그럴 수도 있겠지만 분명한 건 무슬림 중에는 독실하지 않은 사람도 있다는 사실이다. 아랍어과에 재학 중이던 아랍어 통역병은 레바논에서 실제로 부딪히며 이슬람과 이슬람 문화에 대해 더 잘 알게 되었다. 또 아랍어를 적극적으로 사용하면서 처음 왔을 때 보다 아랍어가 확실히 많이 늘었다. 나도 그렇게 느낄 정도였으니까. 외국어를 전공하는 학생이라면 군 생활 중 해외파병을 지원해서 경험해 보기를 바란다. 전공 분야의 능력을 배양하고 외국어를 사용하는 국가의 문화에 대한 이해를 넓힐 좋은 기회라고 생각한다.

동명부대의 입과 귀가 되어 동명부대와 외부의 세상을 연결해 준 고마운 통역병 덕분에 레바논 지역 주민, UNIFIL과 함께하는 풍성한 레바논 생활을 할 수 있었다. 고단한 통역 업무지만, 통역병이 있어 넓은 세상을 경험할 수 있었다. 그 재능으로 언제 어디서든 세상과 소통하며 밝게 빛나기를 바란다.

'여성 권익 보호' 불 밝히는 여군

레바논에서 여성의 사회진출과 사회적 위치는 낮은 수준이며 여성의 권리는 더 낮은 실정이다. 이를 해결하고자 동명부대는 여성의 권익에도 힘쓰는 활동을 하고 있다. 대표적인 활동이 재봉 교실과 태권도 교실이다. 재봉 교실을 통해 여성이 사회·경제적 활동을 할 수 있게 돕고 있다. 또, 태권도 교실을 2007년부터 운영해서 현재까지 1,000명 이상의 인원이 수료했다. 인원 중 40~45%는 여성으로 특히 고급반인 태권도 사범 반의 경우에는 수련생 14명 가운데 12명이 여성이다. 동명부대는 우수 수련생을 국기원에 추천해서 '국제태권도 전문가 양성프로그램'을 받도록 도와주고 있다.

이 외에도 2018년 UNIFIL 상급 부대인 서부여단이 창설한 FAS

T[†]라는 팀의 일원으로 동명부대 여군이 활동한다. 동명부대는 앞으로도 지속해서 여군의 비율을 늘릴 계획이다. 여군은 그 존재 자체만으로도 양성평등에 대한 인식 변화를 깨울 수 있다. 여성 권익이 약한 레바논에서 여군의 활동이 현지에서 귀감이 되고 레바논 내에서도 사회적 변화를 유도할 수 있었으면 좋겠다. 여성의 권익이 더 발전하기를 기대해 본다. 그 변화의 바람에 동명부대가 함께 하기를 소망한다.

의무대를 더욱 빛내주는 사람들

동명부대 의무대에는 동물을 진료하고 치료하는 수의 장교가 있다. (수의 장교의 정식 명칭은 '군수의관'이다.) 의무대는 사람을 진료하고 치료하는 부서이기도 하지만, 레바논 현지 동물과 가축에 대한 진료도 필요하므로, 수의 장교는 의무대에 꼭 필요한 의료진으로 역할을 다하고 있다.

동명부대 내 수의 장교는 많은 일을 한다. 우선 지역 마을의 동물을 부대 내에서 진료한다. 이틀에 한 번씩은 대민지원 민군작전에 같이 참여해서 지역 마을의 가축 진료도 한다. 이 지역 사람의 재산목록 1호가 바로 염소, 양, 소 같은 가축이다. 축사의 환경이 열악하다 보니 기생충에 감염되는 경우도 많다. 환경개선과 방역이 절실하다. 또 UNIFIL 내에 수의 장교는 프랑스대대와 동명부대밖에 없다.

---

† Female Assessment Analysis and Support Team의 약자로 10명 남짓의 여군이 활동하는 팀이다. 레바논 현지 여성 권익과 권리를 보장하는 것뿐 아니라 UNIFIL 내의 양성평등을 위한 활동에도 참여하는 일을 한다.

이들 둘이 돌아가며 UNIFIL 사령부를 방문해서 야생동물 중성화 수술도 주 1회씩 한다. 레바논 내에 야생동물의 개체가 확 늘어나지 않도록 UNIFIL에서도 힘쓰고 있는데, 수술로써 조절하는 것도 그의 일이다.

부대 내에 상주하는 군견을 돌보고 치료하기도 한다. 군견은 위병소에 있으면서 출입 차량의 폭발물을 탐지하고 부대 근처의 위험요소를 확인한다. 동명부대 군견이었던 '러지'는 처음 동명부대를 와서 스트레스를 많이 받았다고 했다. 제자리를 빙글빙글 도는 행동, 물거나 짖는 행동 등 반복적이거나 일상적이지 않은 행동 패턴이 나타났다. 환경이 바뀐 게 주된 이유다. 기껏해야 짧은 시간만 산책하는 일과에 나머지는 군견실이라는 컨테이너에서 지내야 하니 말 못 하는 동물이 오죽하겠는가. 수의 장교는 군견의 심리적 상태까지도 돌봐야 했다. 또 수의 장교는 부대원이 키우는 강아지, 고양이의 건강을 책임지기도 한다.

동물에 관한 업무만 한다고 생각하면 오산이다. 새벽 시간에 일찍 일어나 부대로 들어오는 식품을 검수한다. 동명부대원이 먹는 고기류 같은 것도 꼼꼼히 살펴보고 위생 상태 점검도 한다. 식자재를 다듬고 손질하는 칼, 도마, 수저, 접시 같은 식기류와 조리병의 손에도 신속 미생물 검사(ATP)라는 검사를 정기적으로 한다. 한 번씩은 수질오염 테스트도 한다. 동명부대 취사뿐만 아니라 레바논 하우스의 위생 상태 점검도 한다.

동명부대에 수의 장교가 있어 의무대가 더욱 빛이 난다. 레바논 남부지역에서 수의사는 극히 드물어 동물을 치료할 때 지불해야 하는 비용도 상당하다. 동명부대에서 무료로 동물을 진료해주고 치료해주며, 축사의 위생환경을 개선해주기 때문에 지역 내에서 인기가 높다. 사람을 치료하는 군의관뿐만 아니라 동물도 치료하는 수의 장교가 있어 동명부대는 명성이 높아지고 있다고 봐야 한다.

치과 진료도 수의 진료에 못지않게 대단하다. 동명부대는 레바논 지역 주민에게 치과 진료를 통한 구강 건강에도 신경을 쓰고 있다. 치과 군의관, 치위생 부사관, 치무병이 동명부대에서 막중한 치과 진료를 담당하고 있다. 현지 의료지원 민군작전의 일환으로 마을을 찾아가 진료해 주는 활동은 일부 UNIFIL 부대에서만 하는데, 일반 진료에 더불어 치과까지 진료해 주는 건 대단한 일이다. 치과는 누울 수 있는 치과 전용 의자와 여러 기구가 있어야 하므로 치과기구가 모두 탑재된 치과 버스를 이용한다. 즉 현지 의료지원 민군작전 시 치과 버스도 따라가서 현지 환자의 구강 건강을 책임진다. 발치, 스케일링 같은 치료를 제공한다. 또 주민 대상으로 불소를 도포해주고 주민에게 치아 관리에 대해 교육하는 구강 건강 사업도 한다. 마을 현지 주민만 치료하는 게 아니다. 당연히 치과 버스가 마을로 나가지 않을 때는 부대 내에서 동명부대원의 구강 건강을 책임진다. 우리나라 치과 의사의 손기술과 치료는 탁월해서 UNIFIL 내 다른 부대에도 명성이 자자하다. UNIFIL 내 다른 나라 부대원이나 레바논군 부대원도 동명부대를 방문해서 치과 치료를 받기도 했다. 동명부대의 치과진료는 지역 주민과 부대원을 위해 한정된 환경에서도 최상의 치료와 서비스를 제공하고 있다.

의료 진료뿐만 아니라 수의 진료, 치과 진료도 함께 의료 서비스를 제공하고 있기에 동명부대 의무대의 활동은 정말 칭찬받아 마땅

하다. 동명부대뿐만 아니라 남수단의 한빛부대를 포함한 다른 파병 현장에서도, 열악하지만 진료에 힘쓰고 있는 대한민국의 훌륭한 의료진이 있다. 그들의 노력으로 아픈 사람이 줄고 지역 사회가 건강해지리라 믿는다. 진심으로 고개 숙여 고맙다는 말을 전하고 싶다.

각자의 위치에서 최선을 다하다

동명부대 20진의 공식 해외파병 경쟁률은 6.6 : 1이었다. 각 부서나 직위마다 해외파병 경쟁률은 정말 다르다. 동명부대의 활동을 사진으로 기록하는 사진병은 무려 60 : 1의 경쟁률을 기록했다고 한다. 지금은 해체된 기무사령부 소속의 부대원, 민감한 정보를 수집하는 업무를 하는 베일에 싸인 정보사 부대원, 각종 요리대회에서 1회 이상의 수상 경력이 있는 조리병, 정보 통신, 실력 있는 공병대대원, 헌병, 의무, 수송 등 정말로 정예 멤버가 모인 곳이 동명부대라고 말할 수 있다.

특전사 부대원뿐만 아니라 각 소속별로 고유의 임무를 성실하게 잘 완수해줘서 동명부대가 레바논 현지 지역주민에게 사랑받는다고 생각한다. 자신의 역할을 묵묵하게 수행해 준 모든 부대원에게 이 자리를 빌려 고마웠다고 말해주고 싶다. 지금 어디에서 어떤 역할을 하며 지내는지 모르지만, 동명부대에서 해낸 것처럼 각자의 자리에서 훌륭하게 자기 몫을 해내고 있을 거라 믿는다.

동명부대 환자 이야기 2

동명부대 군의관으로서 주로 하는 일은 부대 내에서 생기는 환자를 보고 치료하는 것이다. 8개월 동안 환자를 많이 보고 치료했지만 기억에 남는 일이나 특이한 증상을 호소하는 부대원도 많았다.

데드리프트가 부른 허리 손상

어느 더운 여름날, 하루에 3~4시간 이상 운동하는 부대원이 허리가 아프다며 의무대를 방문했다. 무거운 역기를 양손으로 들고 허리로 들어 올리는 데드리프트(Dead lift)를 하다가 허리 통증이 생겼다고 했다. 운동하다 생긴 허리통증이라 단순 염좌일 줄 알았다. 너무 아파하기에 자세히 물어보니 무려 140kg을 들었다고 한다. 드는 과정에서 어느 순간 허리에 뚝 소리가 나며 주저앉았다는 것이었다. 뚝 소리가 들릴 정도로 심하게 다쳤다는 건 단순 염좌 이외에 부분 근육파열, 허리디스크 파열, 심하게는 인대 복합체의 파열이나 척추 골절까지도 동반되었을 가능성도 있다는 걸 의미했다. 왜 이렇게 무리해서 운동했는지를 물어봤다. 글쎄 부대 내에서 업무가 끝나고 나면 스트레스를 해소할 데가 없다는 것이었다. 무리해서라도 운동을 하지 않으면 스트레스가 풀리지 않는다는 대답이었다. 부대 내에서 갇혀 지내는 상황이 얼마나 답답하면 저럴까 하는 측은한 마음이 이내 들었다. 처음에 건넸던 질책 섞인 농담도 그 부대원에게는 미안했다.

큰 질병이 의심될 때 중요한 건, 어떤 검사를 언제 시행할지 결정하는 것이다. 그래야 치료방침을 정할 수 있다. 우리나라라면 자기공명영상(MRI) 같은 검사를 해서 근육파열이나 허리디스크 파열 여부를 확인해 볼 수 있다. 여기는 그런 영상의학적 진단이 불가능하다. 어쩔 수 없이 현재 상태를 보며 판단할 수밖에 없었다. 뚝 소리가 났지만, 거동이 가능한 상태였고 움직임의 큰 문제는 없었다. 특별한 신경학적 증상이 없어 응급 상황은 아니라고 판단했다.

부대원에게는 여러 가능성에 관해 설명하고 약물 처방과 휴식으로 회복되는 걸 지켜보자고 제안했다. 내 의견에 동의했고 복대를 감아 허리가 과도하게 움직이는 걸 방지했다. 진통효과, 소염효과, 근이완 효과가 있는 약을 복용할 것을 설명하고, 절대적으로 쉴 것을 명령했다. 며칠 지나면서 차츰 증상이 좋아졌다. 1~2주 내로 운동을 다시 할 정도는 아니었지만 약 1달쯤 되자 가벼운 운동을 할 수 있게 되었고 나중에는 허리 통증이 다 좋아졌다. 천만다행으로 큰 어려움 없이 치료할 수 있었다.

위와 같은 사례 외에도 운동하다가 다치는 부대원이 많다. 가슴 근육 통증, 허리 통증, 뒷목 뻐근함, 팔다리 통증 등… 염좌가 대부분이었고 약물치료와 휴식으로 다들 좋아졌다. 다행이었던 일은 헬스 기구가 직접 몸을 타격해서 발생한 타박상은 없었다는 사실이었다. 심한 골절이나 큰 타박상이 생겼으면 치료가 어려웠을 거다. 부대 내 울타리 안에서 할 수 있는 게 운동밖에 없다고 해도 과언이 아니기 때문에 운동을 금지할 순 없다. 운동하지 않으면 파병 생활이 도리어 스트레스가 되어 견디기 힘들다는 부대원도 있었기에, 그만큼 운동은 파병 생활의 스트레스를 해소하는 창구다. 다만 모두 다치는 일 없이 안전하게 운동하고 스트레스를 풀면 좋겠다.

위험한 부엌과 부상

운동으로 다치는 것 못지않게 음식을 만들다가도 많이 다친다. 조리병이 다치는 경우는 흔하다. 하루는 조리병이 다쳐서 의무대로 왔다. 며칠 전 뜨거운 국통을 들다가 왼쪽 손등에 화상을 입었던 조리병이었다. 1도 화상이라 소독 및 처치를 하고 낫는 중이었는데 이번엔 오른쪽 손목이 다쳤단다. 물기가 많은 식당에서 미끄러지면서 넘어졌다고 했다. 한눈에 봐도 손목이 붓고 통증도 심했다. 직감적으로 골절을 알 수 있었다. 손목이 삔 것치고는 심하게 부었고, 스스로 손목을 움직일 수 없었기 때문이었다. 공교롭게도 의무대 내에 X-ray 기계가 수리 중이라, 골절인지 아닌지를 확인할 수 없었다. 급한 대로 부목(Splint)을 대고 압박붕대로 감았다. 통증과 염증을 줄여주는 약을 먹였다. 다음날 동명부대 근처에 있는 현지병원으로 갔고 아니나 다를까 X-ray에서 손목 골절을 확인했다. 다행으로 핀을 박는 수술은 필요 없었다. 해당 병원에서 통깁스를 했고 약물 치료하며 골절이 회복되기를 기다리면서 3주 뒤에 진료 보기로 했다.

만약 수술해야 하는 상황이면 어떻게 됐을까? 수술을 UNIFIL 사령부 병원에서 할지, 현지 민간 의료시설에서 할지, 아니면 본국으로 귀환해서 할지를 결정해야 한다. 환자의 수술비용, 이동 방법, 수술 보호자로서 동행하는 간부와 통역병의 문제, 상급 부대에 보고하는 절차, 대체 인력을 편성해야 하는 문제 등 절차와 문제가 많다. 수술이 성공했다고 하더라도 퇴원 이후 수술 부위 확인을 위해 여러 번 진료 봐야 하는 절차도 있다. 부대 밖 진료를 위해서는 기본적으로 경호 인력, 통역 인력, 의학적 소견을 알 수 있는 군의관, 운전병, 환자, 이렇게 최소한 5명이 필요하다. 상급 부대인 서부여단에 적어도 하루 전에는 보고해서 진료를 위한 5명의 외출 승인이 나야 한다. 만약 현지 정세가 급변한다면 부대 밖 진료는 불가능해진다. 부대 밖을 나가는 준비 절차는 이처럼 복잡하다.

수술할 필요 없는 골절이었다는 사실이 천만다행이라고 생각했다. 레바논에 도착한 지 3주 만에 발생한 골절상이었는데 큰 사고로 이어졌다면 환자, 의무대, 지휘관의 상심도 컸을 것이고 조리병은 마음고생도 했을 것이다. 그 후 통깁스를 한 채로 왼손으로 배식을 도와주고 있는 조리병을 코리아홀(식당)에서 계속 만날 수 있었다. 점차 통증도 줄고 상태도 나아졌다. 3주 뒤 의무대에서 수리한 X-ray로 촬영했고 다행히 골절이 잘 회복되어 통깁스를 제거했다.

다른 조리병은 칼질하던 중 왼손가락 살점이 잘려 군의관 숙소로

급하게 온 적도 있다. 피가 많이 나고 당황해서 우리 숙소로 도움을 청한 것이었다. 살점 일부가 떨어져 나가, 소독할 때 닦아도 닦아도 비가 스멀스멀 올라와서 꽤 오랫동안 지혈했었다. 이후 소독하고 약 먹으며 지냈고 시간이 지나면서 살점이 차오르며 회복했다.

조리병은 열상을 많이 입는다. 칼, 채칼 등의 조리도구를 사용하다 보니 아무리 조심하더라도 여기저기 상처를 입을 수밖에 없다. 조리과정의 총 책임자인 급양관님도 예외는 아니다. 한식조리사 자격증, 양식조리사 자격증, 중식조리사 자격증을 갖출 만큼 요리에서 만큼은 실력자이지만, 베테랑도 다치는 건 어쩔 수 없다.

하루는 급양관님이 손가락을 베여서 왔다. 그날 나는 민군작전으로 오전 2시간 동안에만 50명 가까이 되는 환자를 보고 정신적으로 피폐해진 상태였다. 부대에서 휴식이 필요한 상태였는데 내 생활관으로 찾아온 것이었다. 사실 점심시간이나 일과 업무가 끝난 시간에 진료 보고 싶은 부대원은 지휘통제실에 진료를 요청해야 한다. 의무대 인력이 부족해서 매번 의무대에 대기할 수 없고, 지휘통제실에서도 환자 발생 상황을 알아야 한다. 그러나 급양관님은 당황했는지 절차 없이 그냥 군의관 생활관으로 바로 달려왔다.

다행스럽게도 왼쪽 새끼손가락에 진피층 정도까지 베인, 작고 깊지 않은 열상이었다. 꿰매지 않고 소독해서 잘 감아주면 저절로 붙을 수 있는 상처였다. 그러나 식사를 준비하면서 손을 많이 사용하고 물도 묻기 때문에 상처가 쉽게 붙지 않을 가능성이 있어, 꿰매기로 했다. 세 바늘 정도 꿰맸고 소독하고 덧나지 않도록 알약을 처방했다. 이후로 매일, 이틀에 한 번, 3~4일에 한 번 정도씩 간격을 늘려가며 의무대에서 손가락 소독을 했다.

약 2주 정도 흘러 상처 부위 상태를 확인하고 실밥을 뽑았다. 다행히 상처가 크게 남지 않았고 벌어진 살도 잘 아물었다. 치료 종료 다음 날 급양관님이 음식을 만들어 와서 의무대에 고마움을 표시했다. 떡꼬치, 파전, 계란말이로 파병지에서는 쉽게 먹을 수 없는 음식이었다. 그날 의무대 식구들이 정말 맛있게 먹었다. 나는 당시 일이 있어 한 입도 맛보지는 못했지만, 나중에 본 음식 사진 속에서, 어머니의 정성이 담긴 듯한 따뜻한 마음을 볼 수 있었다.

극심한 근육 손상, 횡문근 융해증

30대의 한 중사님이 의무대를 방문했다. 평소 오가며 인사해서 얼굴이 낯이 익었다. 엉거주춤한 걸음걸이였다. 걸음걸이가 불편하니 흔히 다치는 발목이나 무릎의 문제임을 확신하면서 인사말 겸 불편한 곳을 물어보았다.

"어디 불편하세요? 발목 다치셨어요?"

"다리 근육통이 심해서요."

중사님은 엉거주춤한 자세로 진료실 의자에 앉으면서 말했다. 자세히 물어보니 이틀 전에 대테러팀과 함께 운동을 무리하게 하고 난 이후로 전신에 근육통이 생겼다고 했다. 대테러팀이라면 특전사 중의 특전사가 아닌가! 그런 그들과 운동을 하고 나서 전신 근육통이 생겼다고 했다. 어깨, 팔 부위의 상체 통증은 나아졌으나 허벅지 근육은 통증이 더 심해졌다고 했다. 웬만큼 운동해 와서 근육통을 크게 느껴본 적이 없다고 했는데 이번만큼은 차원이 다른 근육통이라는 말을 했다. 평생 살면서 느껴보지 못한 강도라는 말을 덧붙였다.

운동 후에 생긴 심한 근육통이라…. 내과 의사라면 놓칠 수 없는 질병이 '횡문근 융해증(Rhabdomyolysis)'이다. 횡문근 융해증이란 근육세포가 손상하면서 세포가 깨지는데, 이때 발생하는 독성물질과 근육세포 물질이 혈액 속으로 흘러 들어가면서 발생하는 전신적인 문제를 말한다. 주된 원인은 심한 운동이다. 근육이 파괴되는 것이니 당연히 심한 근육통은 물론이거니와 근육 열감, 근육 경직 같은 증상이 동반된다. 횡문근 융해증에서 중요한 것은 콩팥도 같이 손상될 수 있다는 점이다. 독성물질이 콩팥의 사구체를 손상하고 소변 색을 진한 갈색이나 콜라 색으로 만든다. 콩팥 기능의 이상으로 전해질 불균형이 생기면서 무력감, 울렁거림, 구토, 식욕부진 등의 증상이 나타나며 심지어는 심장 박동에도 영향을 미쳐 사망에도 이를 수 있다.

소변 색이 진해지지 않았냐고 물어보니 어제부터 소변 색도 진해져 어둡고 검붉은 색의 소변을 보고 있다며 어떻게 그걸 아냐고 되물었다. 나는 주저 없이 횡문근 융해증이란 병이 생겼다고 설명했다.

일반인에게는 이름도 생소하지만 의외로 주변에서 꽤 볼 수 있다. 이번 일처럼 무리한 근육운동 뒤에 발생하는 경우가 가장 많다. 과도한 체벌을 받고 전신 통증이 심해지고 소변 색이 어둡게 변해 병원을 방문하는 경우도 있다. 사우나에서 뜨거운 돌 위에 장시간 누워 있고 나서 발생하기도 한다. 젊은 군인이 더운 날씨에 20kg 이상의 군장을 메고 행군하고 나면 횡문근 융해증이 생기는 경우도 흔하게 볼 수 있다. 심지어는 노인이 안마의자에서 안마를 받고 난 후 근육이 아프다고 호소해서 검사해보면 이 병에 걸려있는 경우도 있다. 근육을 풀어주려고 한 효과가 오히려 병을 만들어 버리는 아이러니

한 상황이다.

전공의 시절에도 횡문근 융해증 환자를 종종 보곤 했다. 심하지 않다면 약간의 치료만으로도 좋아지는 경우가 많지만, 대학병원에서 치료를 받아야 할 환자는 심각한 상태에 있을 가능성이 높다. 실제로 횡문근 융해증이 심해 급성신부전(Acute kidney injury)에 빠져 콩팥의 기능이 회복되지 않아 결국에는 혈액 투석이라는 치료까지 해서 겨우 회복된 경우도 경험한 적이 있다. 횡문근 융해증의 주된 치료는 정맥으로 수액을 주는 것이다. 수액을 주면 혈장량이 증가하고 혈액순환이 좋아진다. 손상된 근육에 혈액이 충분하게 돌면 회복이 빨라진다. 콩팥으로도 혈액이 많이 이동해 콩팥의 회복이 좋아진다. 수액은 일반 물이 아니다. 우리 몸에 필요한 나트륨, 염소 같은 전해질이 포함되어 있다.

환자에게 당장 수액 치료가 필요하다고 말했고 환자는 그날 있었던 야간 당직을 바꿨다. 아니 그래야만 했다. 전신 근육통이 심해 어떤 활동이라도 몸에 나쁜 영향을 줄 수 있었다. 수액을 맞는 동안은 반드시 누워 휴식을 취해야 한다. 치료 당일은 수액을 최소 3L 이상 투여하기로 했다. 환자의 상태를 봐가며 적극적으로 치료해서 그랬는지 몰라도 입실 이틀째, 환자는 증상이 호전되고 있었다. 하루 만에 완벽히 좋아지겠냐 싶겠냐마는, 그래도 소변 색이 정상 수준으로 돌아왔고, 통증이 있었던 허벅지도 증세가 조금 나아져서 걷기에 아주 불편할 정도는 아니었다. 소변 색이 돌아왔다는 증거는 콩팥이 회복되고 있을 가능성이 높다는 증거였다. 만 하루 동안 수액을 준 양은 원래 주기로 했던 최소량이었던 3L를 훌쩍 넘어 총 8L였다. 일주일 뒤 UNIFIL 병원으로 혈액검사를 하러 갔다. 증상은 회복되었고 몸 안 근육 수치도 거의 정상으로 돌아와 있었다. 큰 합병증 없이 완전히 회복했다.

환자는 나중에 자신의 병을 인터넷으로 찾아보고 심한 병이었으리라고 생각도 못 했다면서, 정말 고맙다고 했다. 내가 알고 있는 지식과 경험으로 환자를 치료하고 건강을 되찾게 해줄 수 있다는 건 정말 보람 있다. 완전히 낫고 난 이후에도 한 번씩 얼굴을 마주치면 무리해서 운동하지 말라고 농담하며 지낼 정도가 되었다. 환자가 내 치료에 잘 따라와 주고, 몸이 순조롭게 잘 회복해서 감사했다.

발열의 원인

40대 상사님이 열이 나서 의무대를 방문한 적이 있었다. 일주일 전부터 계속 열이 났다고 했다. 기침, 콧물, 가래 같은 호흡기 증상도 없었고, 배뇨통이 발생하는 요로기계 증상도 없었다. 복통은 없었는데 설사가 약간 있다고 말했다. 열이 날 만한 명확한 원인을 추론하기 모호했다. 장염 때문에 열이 나고 설사가 난다고 명확하게 진단할 수 없는 정도였지만, 상황을 환자에게 설명했다. 우선 단순 장염에 준해서 먼저 치료를 시작해 보겠다고 했다.

3일 뒤 다시 의무대를 방문하라고 말했다. 약을 잘 먹었지만, 발열이 지속하고 있었다. 내과 의사로서는 난감한 경우다. 발열의 원인을 찾기 위해 이것저것 물어보니 그제야 항문 안쪽에 통증이 느껴지는 것 같다고 말했다.

어라! 항문질환으로 인해 발열이 나고 있을 가능성이 생겼다. 항문 안으로 손가락을 넣는 '직장수지검사'를 해보니 손가락이 닿는 직장의 끝부분에서 통증을 심하게 느끼며 아파했다. 항문 내부를 보는 항문경이나 내시경 같은 진단 도구가 없어서 확신할 순 없었지만 아마 직장 내 고름(농양)이나 궤양 같은 염증성 병변이 생겨 발열이 계속 있을 가능성이 높았다. 사용하고 있던 항생제를 대장 질환에 잘 듣는 것으로 바꾸고 나자 극적이게도 이틀 내로 열이 떨어지면서 항문 안쪽 통증이 좋아졌다고 했다. 정말 다행이었다. 약물치료에 반응하지 않았으면 항문 안쪽에 무슨 일이 벌어지고 있는지, 내시경이나 전산화 단층촬영(CT) 같은 검사가 필요할 수 있었다. 발견되는 병에 따라 어려운 치료가 기다리고 있었을지 모르는 상황이었는데, 정말 운이 좋게도 환자의 증상이 좋아져 치료가 종결되었다. 결국 첫 증상이 나타난 시점부터 2주가량 고생하다가 호전된 거였다.

발열이 첫 증상으로 나타난 환자에서 항문질환이 그 원인일 가능성은 낮은 편이다. 그렇지만 처음부터 내가 더 꼼꼼하게 진료하고 진찰했다면 환자를 조금 더 빨리 좋아지게 했었을 텐데… 하는 아쉬움이 남았다. 모든 가능성을 열어놓고 생각하기엔 질병도 많고 생각할 거리도 많아지겠지만, 초점을 잘 맞춰서 원인을 잘 찾아냈으면 환자가 고생을 덜 했을 것 같다. 못난 의사를 만나서 환자가 고생하지 않도록 더 꼼꼼히 진료하고 치료를 잘해줄 수 있는 의사가 되어야겠다고 생각했다.

중동 더위의 습격

여름이 되어 본격적으로 날씨가 더워지면서 부대 내에 설사 환자가 늘어났다. 5월 총 장염 환자가 14명이었던 것에 비해 7월에 들어서자마자 이틀 새 14명이 발생했다. 갑자기 환자가 늘어나서 군수과 등 다른 부서와 원인 확인을 위해 상의도 했으나 이상한 점은 없었다. 다행으로 심한 설사 환자는 없어서 부대 내에 있는 수액과 항생제로 치료가 가능했다.

더위에 지치면서 피로감을 호소하는 부대원이 늘어났다. 실제로도 레바논의 날씨는 덥다. 우리나라 5월에 낮 기온이 25도 언저리를 밑돌 때 레바논 5월은 이미 32도에 육박한다. 다행히 습도는 높지 않아 6월의 습도가 보통 30~40%였다. 우리나라 습도가 연중 60~75%인 것과 비교하면 레바논은 꽤 건조한 편이다. 그러나 레바논의 따가운 햇볕은 살을 익게 할 만큼 강렬하다. 햇볕이 따가우므로 낮에 투입되는 작전이나 작업에서는 따가운 햇볕을 막기 위한 장구를 착용하며, 햇볕이 가장 강렬한 때에 2시간 정도의 휴식을 보장한다.

동명부대에서도 더위로 인한 단순 피로와 탈수로 수액 처치가 필요한 부대원이 늘어났다. 포도당과 전해질이 포함된 수액에 비타민 제제를 혼합해서 수액 처치를 하고 나니, 상태가 나아졌다. 목이 마르지 않더라도 야외 활동을 하게 된다면 중간중간 꾸준히 물을 마셔 탈수가 생기지 않도록 예방하는 것이 더 중요하다고 교육했다.

열탈진, 열실신, 열경련 같은 심각한 병에 걸리는 부대원은 없어서 정말 다행이었다고 생각한다. 목숨을 앗아가거나 삶에 심각한 후유증을 남기는 일은 없어야 하겠다. 동명부대원 모두가 뜨거운 레바논의 여름을 무사히 넘길 수 있어 다행이었다.

파병지 스트레스

레바논에서 군의관은 신체적인 질병만 진료하고 치료하는 건 아니다. 정신적으로 생기는 문제도 해결해야 한다. 특히 스트레스는 가장 큰 문제 중 하나다. 해외파병지에서의 스트레스 해소는 가장 중요하다. 한국에 있는 군부대의 장교나 부사관은 업무가 끝나면 퇴근해서 비교적 자유로운 생활을 할 수 있다. 퇴근하면 군부대를 빠져나간다는 당연한 일이 해외파병지에서는 당연하지 않게 된다. 이동의 자유가 박탈되어 동명부대 울타리 밖을 자유롭게 나갈 수 없다는 사실은 큰 스트레스 요인이다.

해외파병 스트레스는 어디에나 있다. 우선 고국을 떠나온 것 자체가 스트레스다. 음식, 문화, 기후, 생태 환경 등이 확연히 다른 생면부지의 땅에서 적응하고 사는 것 자체가 문제다. 한국 시스템으로 이루어진 동명부대라는 울타리는 부적응을 최소화해주지만, 스트레스를 해결해 줄 순 없다. 같이 생활하는 주위 사람도 스트레스 요인이 될 수 있다. 각자 다른 환경에서 살아온 사람이 공동체를 이루며 살아야 한다. 업무뿐만 아니라 사생활도 공유해야 하니, 사소한 일도 크게 느껴진다. 분위기를 좋게 하려고 내뱉은 가벼운 농담이 큰 싸움의 원인이 되기도 하고, 심지어는 폭행과 조기 귀국이라는 불명예를 안겨주기도 한다. 불안한 현지 정세, 반복해야 하는 작전 활동에서 오는 지루함, 통제받는 생활 등도 스트레스 요인이다.

가장 큰 스트레스 요인은 가족, 사랑하는 사람, 의지하는 사람을 쉽게 만날 수 없다는 사실이 아닐까 한다. 해외파병 약 4개월이 지나자 연인과 헤어지는 경우가 우후죽순으로 생겨난다. 특히 어떤 팀은 헤어진 커플이 많아져서 자체적으로 위로 회식을 하기도 했다고 한다. 못해도 6쌍 이상이 이별을 경험했고 그중에서는 교제 기간이 3～4년 이상 된 커플도 있었다. 심지어는 레바논 파병 직전까지 혼담이 오갔던 커플이 파병지에서 끝내 헤어진 경우도 있었다고 한다. 사랑하는 사람이 사랑했던 사람으로 바뀌는 데는 고작 해외파병 기간인 8개월이면 된다.

고국에 두고 온 가족, 사랑하는 사람, 친구를 쉽게 만나지 못하는 상황 자체가 엄청난 스트레스다. 아무리 메신저로 대화를 나눌 수 있고 영상통화가 가능하다지만, 바로 옆에서 체온을 느끼고 감정을 직접 공유할 수 있는 사람이 없다는 사실은, 어쩌면 해외파병 부대에서는 해결되지 않을 가장 힘든 부분이다.

이렇게 스트레스를 말하는 이유는 스트레스로 인해 몸과 마음의 질병이 생겨 의무대 진료를 보러 오는 부대원이 심심치 않게 있기 때문이다. 스트레스로 인한 일시적 기분 부전, 쇠약감, 나른함 같은 가벼운 심리적 증상에서부터 만성 변비, 불면증, 과민성장증후군 같은 신체 증상까지 다양한 증상을 호소한다. 가벼운 증상은 이야기를 들어주고 지지해주면서 시간이 지나면서 좋아졌다. 심한 스트레스로 인한 증상을 진료하고 치료하는 데는 어쩔 수 없는 한계도 있었다. 이를 위한 검사 장비는 마련되어 있지 않았고 약물도 다양하지 않았다. 가지고 있는 약을 조합해서 이리저리 써보면서 불편함이 조금이라도 해소되면 다행이었다. 약을 먹거나 이야기를 해봐도 확실하게 좋아지지 않기도 했다. 결국은 해외파병 생활이 끝나고 한국으로 돌아가면 스트레스가 해소될 가능성이 높았기에, 계속 이야기를 들어주며 해외파병 생활이 종료할 때까지 무사히 버틸 수 있게 해주는 방법이 최선이었다.

스트레스에 대한 관리도 필요하다. 그래서 동명부대는 간이 스트레스 설문을 매달 시행한다. 스트레스 지수가 높은 인원을 조기에 확인하고 관리하기 위해서다. 전문적인 설문은 아니지만, 스트레스 받는 정도를 잘 확인할 수 있다. 해외파병 스트레스 설문을 통해 연구도 한다. '해외파병 부대원의 스트레스 연구' 같은 거다. 군부대라는 수직적인 조직 생활, 불안한 현지 정세, 폐쇄적인 부대 내 공간, 통제된 활동, 반복하는 임무, 업무 중 발생하는 사람 사이의 갈등 같은 여러 요인이 스트레스를 계속 유발한다. 매달 결과를 보면 대다수는 스트레스 지수가 낮다. 해외파병 부대원은 자발적 지원자로 구성되어 사명감이 강하고 굳은 의지를 갖추고 생활하기 때문일 것으로 생각한다. 그렇지만 고위험 스트레스 지수를 보이는 일부 부대원도 있다.

동명부대는 스트레스 해소를 위해 노력한다. 해외파병 부대원의 스트레스를 잘 관리 하는 것이 해외파병부대의 임무를 성공적으로 완수할 수 있는 원동력이 된다. 동명부대는 앞서 이야기한 동아리 활동을 장려하는 것뿐 아니라 다양한 문화 활동을 제공한다. UNIFIL 지역 내에 있는 문화 유적지 탐방, 각 국가에서 실시하는 지휘권 교대 행사(TOA, Transfer Of Authority)에 참여, 평화 콘서트, 하계 휴양 같은 활동이 그것이다. 하계 휴양은 더운 여름철에 가까운 곳으로 피서 가는 개념인데 반나절 정도를 쉬다 오는 것이다. 가까운 마트를 잠시 들리거나 UNIFIL 사령부 내에서 휴식을 취하는 개념이다. 또 동명문화의 밤, 동명 체육대회도 진행한다. 각자 맡은 업무가 있어 매번 참석할 수는 없는 게 한계지만, 이런 활동을 부대원에게 제공한다는 점이 중요한 것 같다.

불면증

레바논 파병 전, 국제평화지원단에서 파병 준비할 때 현지에서 어떤 질환이 많은지 파악하고 치료 약물을 예상해서 준비한다고 했다. 만반의 준비를 해도 꼭 예상을 벗어나는 일은 항상 벌어지게 마련이다. 레바논에서 진료하게 되리라 생각지 못한 질병을 레바논에서 만나게 되는 상황이 발생했다. 바로 불면증이다.

사실 레바논에 발을 디딘 순간부터 모든 부대원은 불면증으로 고생한다. 진 전개 초반에는 갑자기 시차가 달라지고 새로운 환경에 놓여 긴장하기 때문이다. 시차 때문에 생체리듬이 깨지는 건 어쩔 수 없다. 하지만 어느 정도 시간이 지나 파병 중반이 되도, 불면증은 쉽게 사라지지 않기도 한다. 잠이 들 때까지 1~2시간 정도 뒤척여야만 했고, 점차 심해져 해외파병 4개월이 지났음에도 4~5시간 정도를 뒤척인 후에야 잠드는 부대원도 있었다. 수면무호흡증 같은 신체적 원인에 의한 불면증이 아니었기에 해외파병에서 경험하는 스트레스가 지독한 불면증을 불러오는 것이다.

불면증은 대표적인 수면장애로 그 치료법도 다양하다. 그러나 약물치료보다는 수면위생을 개선하고 건강하고 바른 수면습관을 가질 수 있도록 교육하는 것이 치료에 더 중요하다. 그렇게 했음에도, 불면증이 좋아지지 않는 부대원이 꽤 있었다. 다행히 향정신성 의약품이 의무대에 남아 있어 도움이 됐다. 향정신성 의약품은 중추신경계에 작용하는 약물로 사고나 감정의 변화를 유발한다. 수면, 진정 작용, 환각, 각성 등의 효과가 있다. 오남용할 경우 신체에 심각한 위험이 있어 반드시 의사의 처방 하에 안전하게 투여해야 한다. 대부분의 국가에서 향정신성 의약품은 취급, 반입, 반출 등의 규정이 까

다롭다. 우리나라도 예외는 아니다. 아마 까다로운 규정 때문에 향정신성 의약품을 레바논으로 가져오기 힘들었겠지만, 불면증 환자가 다수 발생하는지 몰랐다. 수면이나 진정효과로 사용할 수 있는 향정신성 의약품이 필요하다는 사실과 국내에서 반출해 갈 수 있다는 사실을 알고 있었다면 좋았을 텐데…. 반출이 어렵긴 해도 아예 레바논으로 출국할 때 의료진이 잘 관리해서 가지고 간다면 충분히 가능한 일이라고 생각한다.

향정신성 의약품은 약물 오남용을 막기 위해서라도 깐깐한 기준이 있어야 하는 게 당연하겠지만 의사의 처방과 지도・감독이 있다면 적절하게 약을 사용하는 데 문제가 없다. 소량이지만 불면증을 해결하는 데 도움이 될 수 있는 향정신성 의약품이 있다는 건 나에게는 다행스러운 일이었다. 잠은 일생의 '삼 분의 일'을 차지하는 중요한 활동이며 충전의 시간이다. 레바논 파병 부대원뿐만 아니라 다른 파병 부대원 모두, 불면증으로 고생하는 사람이 없기를 기도해 본다.

스트레스성 탈모

스트레스 때문에 생긴 불면증 이외에 스트레스 때문에 생기는 신체적인 문제도 발생한다. 바로 탈모다. 스트레스 때문에 발생하는 탈모도 중요한 문제였다. 해외파병 동안 머리카락이 더 많이 빠진다고 이야기하며 진료를 보러오는 사람이 늘어난다. 해외파병지에서 탈모로 고생하는 분이 있다고 알고 있었기에 탈모 약품을 조금이나마 준비할 수 있었던 건 다행이었다. 삶의 질 개선을 위해 탈모약을 많이 구매해서 도와주고 싶었지만 그럴 수 없었다. 꼭 필요한 약과 현지 의료지원 민군작전에서 필요한 약을 구매하고 나서 보니 탈모약을 구매할 비용이 남아있지 않았다. 비용이 모자라다 보니 레바논 파병 중에 매달 나오는 의무대 운영비용을 쪼개서 탈모약을 현지 구매하기도 했었다.

탈모에 사용하는 약은 여러 가지가 있지만, 미녹시딜을 구매해서 갔다. 단기간에 탈모 증상이 개선되는 건 아니다. 약을 두피에 바르기 시작하면 보통 3개월 이후부터 효과가 난다. 약을 처방하고 3개월이 지나면서 효과를 보는 사람이 늘어났다. 실제로 약을 바른 사람들이 머리가 많이 났다고 하면서 좋아하는 것이었다. 처음에 본인의 머리숱을 찍은 사진을 비교해서 보여주면서 한결 풍성해졌다고 자랑하기도 했다. 탈모를 진료하는 전문의는 아니었지만, 탈모약을 처방해서 바르며 좋아지는 과정을 보는 것도 내과 의사로서는 새로운 경험이었다.

사실 동명부대에서 탈모 치료 효과를 많이 볼 수 있었던 것은 적절한 약물치료가 한몫했겠지만 바른 습관도 큰 영향을 미쳤다고 볼 수 있다. 부대 내에서만 지내면서 어쩔 수 없이 반강제적으로 바른 생활습관을 유지한 것이 결국은 탈모 치료에 큰 도움이 된 중요한 요인이 아니었을까 싶다. 탈모 치료에 있어서 바른 생활습관이 중요하다는 사실을 몸소 느낄 수 있었다.

금연 클리닉

레바논에서 호응이 좋았던 의무대 활동을 손에 꼽아보라면, 빠지지 않는 게 금연 클리닉일 것 같다. 해외파병지에서 새로운 마음가짐으로 금연에 도전하고자 하는 사람이 많았다. 금연 클리닉에서는 니코틴 의존도 평가, 흡연상태 평가, CO(일산화탄소) 측정도 하고 2주 또는 4주 간격으로 금연을 잘하고 있는지 면담한다. 비타민 간식을 주기도 하고 금연 패치를 나눠줘 성공적인 금연에 도달할 수 있게 도와준다. 총 등록 인원은 30명이 넘었고 금연 유지를 잘하는 인원도 10명 가까이나 되었다.

담배를 끊는 건 힘들다. 담배에는 약 4,000종의 유해성분이 있고 벤젠, 포름알데히드, 벤조피렌 같은 1급 발암물질이 7종류나 있다. 담배는 끊는 게 아니라 평생 참는 것이라는 말이 있는데, 아마 그만큼 흡연의 유혹을 뿌리치기는 쉽지 않은가 보다. 비흡연자인 나는 경험해 보지 않아 잘 모르지만, 금연 클리닉을 통해 성공한 금연을 한국에서도 지속해서 이어갔으면 하는 바람이다.

우리나라 교민 치료

부대 내 진료 중 기분 좋은 일도 있었다. 하루는 티르지역에 사는 한국 교민이 진료를 볼 수 없겠냐며 문의 연락이 왔다. 우리 의무대의 진료 범위를 넘는 질병이면 어떡하나 고민이 들었지만 한국 교민이기에 우선 방문해 달라고 말했다. 27세 남성, 격투기 선수였다. 훈련을 위해 티르지역으로 온 지는 약 1달 정도 되었는데 격투기 연습을 하며 양쪽 발에 피부 궤양이 생겼고 무릎과 손에는 멍이 들었다. 일교차가 큰 겨울 날씨로 인해 가벼운 인후염도 있던 상태였다. 지역 의원에서 진료 보고 치료했지만 쉽게 낫지 않았다. 다행히 의무대에서 충분히 치료할 수 있는 상태였다. 약물치료를 설명했고 휴식을 권유했다. 현지 약이 뭔지는 잘 몰랐지만 그간 현지 약이 잘 듣지 않는다고 해서 조금 강하게 약을 처방해서 줬다. 약 1달 뒤 다시 진료 보러 왔다. 지난번 약이 너무 잘 들어서 인후염이 빨리 좋아졌다고 말하면서 발 피부궤양에 바르는 약을 더 받으러 온 것이었다. 바르는 연고를 처방해주고 또 언제든 진료를 보러 오라고 말해주었다.

먼 타국에서 혼자 지내는 우리나라 교민을 동명부대 내에서 직접 진료를 할 수 있었던 사실은 가슴 벅찬 일이다. 내 의학지식으로 도움을 줄 수 있어서였고 우리나라 측면에서 보면 외국에 파견된 해외파병 부대가 해당 지역 교민에게 국가적 서비스를 제공한 것과 마찬가지기 때문이다. 국가는 가능하다면 모든 국민 한 사람 한 사람에게 국가서비스를 제공하려고 노력해야 한다. 내 입장에서는 나는 한 개인이지만, 치료받은 교민 입장에서 보는 나는, 국가에서 보낸 파병부대원으로 국가를 대신한다. 국가란 어떤 역할을 해야 하는지, 국가에 소속된 군인이자 한 국민으로서 내가 할 수 있는 무엇인지, 내가 국가를 위해 어떤 도움을 줄 수 있는지를 다시 한번 생각해 볼 수 있는 시간이었다. 비록 짧은 문진과 진찰, 한정된 치료로 진료를 끝내긴 했지만 많은 생각이 들게 하는 시간이었다.

이외에도 동명부대 의무대에서 부대 내 발생하는 다양한 환자를 만나고 치료했다. 감기, 몸살, 열성 질환, 알레르기, 비염, 구내염, 설사, 과민성 장증후군, 만성 변비, 각종 복통 질환, 습진, 무좀, 일광화상, 각종 근육통, 각종 염좌, 골절, 타박상, 찰과상, 각종 열상, 망치손가락(mallet finger), 티눈, 다래끼, 각막 출혈, 눈 이물감 등의 다양한 증상을 호소하는 환자를 만났다. 내과, 피부과, 정형외과, 안과 등의 모든 과의 환자를 봤다.

남수단 한빛부대는 외진을 보낼 수 있는 상급병원이 부대 주변에 없다고 한다. 전산화 단층촬영(CT)같은 정밀한 검사나 중대한 치료를 진행하기 위해서는 헬기를 타고 주변국인 케냐에 가야 한다고 들었다. 그래도 동명부대는 10㎞ 내에 전산화 단층촬영(CT)같은 검사를 시행할 수 있는 현지의 큰 병원이 있어서 다행이라는 생각이 들었다. 동명부대에 군의관으로서 비교적 적절한 검사를 할 수 있는 상급병원이 부대 근처에 있다는 사실만 해도 든든했다. 정밀 검사할 만큼 심한 환자가 파병 기간에 발생하지 않아서 다행이었다. 일차적으로 진료하고 마지막까지 보살펴야 하는 내 직책에서는 돌이켜 생각해보면 너무나 감사했다.

레바논의 의료 환경과 민군작전 3

현재 레바논의 의료 환경은 우리나라와 비교하면 열악하다. 1975년 이전 레바논의 의료시설과 의료서비스는 중동지역에서도 높은 수준이었지만 이스라엘과의 중동전쟁과 레바논 내전을 치르면서 의료서비스 체계가 망가지기 시작했다. 또 대부분의 의료 시설은 베이루트, 트리폴리 같은 대도시에 집중되어 있어 지역 간 격차가 매우 크다. 그렇지만 레바논은 의료분야에 대한 오래된 경험을 바탕으로 의료 부분 서비스를 개선하기 위해 노력하고 있다. 지금은 사우디아라비아, 쿠웨이트 등의 인접 아랍국가에서 의료 서비스를 받으려고 레바논을 방문하는 경우가 증가하고 있다. 실제로 베이루트는 성형수술로 유명하다고 한다. 우리나라도 이웃 나라에서 성형수술을 하러 많이 방문하는 것처럼, 사우디아라비아 같은 다른 이웃 중동국가

나 인근 유럽국가에서도 성형수술을 받기 위해 베이루트를 방문하는 사람이 많다고 한다.

레바논에는 약 만여 명의 의사가 활동 중이다. 의사 대부분은 의학교육을 충분히 받았지만, 상응하지 못하는 수의 간호 인력과 응급구조 인력 때문에 의료서비스가 불충분한 실정이다. 의료기기의 성능이 떨어지거나 관리가 미흡하다는 점도 문제이다. 이런 문제점이 해결되면 레바논의 의료는 영광스러웠던 예전의 모습을 금방 회복할 수 있으리라 생각한다.

현지 의료지원 민군작전이란?

레바논 의료는 나아가야 할 길이 멀다. 특히 동명부대가 있는 레바논 남부지역의 의료 환경은 베이루트와 비교했을 때 많이 열악한 편이다. 동명부대는 의료서비스를 충분히 받지 못하는 현지인을 대상으로 현지 의료지원 서비스를 시행하고 있다. UNIFIL 해외파병 부대라고 해서 모두 의료지원팀을 전부 보유하는 것은 아니다. UNIFIL 소속의 일부 부대만 의료지원을 하고 있으며, 그중에서도 직접 마을을 순회하며 현지인을 진료하는 부대는 동명부대가 거의 유일하다.

현지 의료지원 민군작전은 보통 레바논에 도착하고 나서 약 한 달 후부터 시작한다. 도착해서 바로바로 이어지면 좋겠지만, 적응하고 물자를 정리하는 데 일정 시간이 걸리기 때문이다. 현지 의료지원 민군작전을 나가기 며칠 전 드디어 최종적인 준비가 끝났다. 단장님께 그동안 준비해 온 물자와 준비상태를 보고하는 시간이 있었다. 단장님은 잘 치료하는 것도 중요하지만 항상 웃음으로 친절하게 지역 주민을 대하는 것이 가장 중요하다고 말씀했다. 동명부대는 지난 10년간 담당하고 있는 5개 마을 주민 100,000명의 진료를 달성했기 때문에 이를 바탕으로 계속 신뢰할 수 있는 의무체계를 지속해 나갈 것을 지시했다.

현지 의료지원 민군작전에는 많은 인원이 참여한다. 당연히 의료진이 있어야 한다. 의료진에는 군의관, 치과 군의관, 수의 장교, 간호장교, 치위생 부사관, 의무병이 여기에 속한다. 진료를 보러오는 지역주민은 아랍어를 사용하기에, 이를 영어로 번역해 우리와 소통할 수 있는 통역업무를 맡아줄 사람도 필요하다. 진료에 관련한 통역이라, 의학용어를 잘 알아듣고 고도로 훈련된 통역인이 필요하다. 오래전부터 동명부대에서는 UN 소속의 현지 통역인을 배치하여 우리의 업무를 돕고 있다. 현지 통역인 수가 충분하지 않아 아랍어 통역병도 현지 의료지원 민군작전에 같이 참여한다. 이렇게 의료진과 통역이 준비되면 이동시켜줄 운전병이 있어야 한다. 부대 밖을 나가 의료 작전을 수행할 때 모두의 안전을 책임져줄 경호 인력도 필요하다. 이렇게 나가는 데만 해도 차량이 3대나 필요하다.

– 의료 민군작전의 영웅, 현지 통역인 –

동명부대에는 현지 통역인 5명이 근무하고 있다. 모두 정말 우수한 사람이다. 모두 외국 유학을 통해 공부했고 간단하게 구사할 수 있는 말은 기본적으로 3~4개다. 모국어인 아랍어는 당연하고 영어, 프랑스어, 포르투갈어, 스페인어, 러시아어, 독일어 등을 할 줄 안다. 짧게는 우리 부대에서 3년, 길게는 거의 초창기부터 시작해서 10년 정도 일하고 있는 사람이므로 환자를 보며 통역하는데 막힘이 없다.

뭐든 많이 하면 실력이 는다. 많이 해서 머리에 새겨 넣고 몸으로 익히는 것만큼 중요한 건 없는 것 같다. 통역인이 진료를 통역해 주는 일도 마찬가지다. 몇 년 이상 계속 일을 하다 보니 환자를 보는 진료 패턴이 몸에 익는 건 당연하다. 의사는 아니지만 우리가 진료하는 패턴을 보기 때문에 의학 내용도 웬만큼 잘 안다. 심지어는 일반인이 사용하지 않는 의학용어도 사용한다. 통역인을 거쳐 간 군의관이 오죽 많겠나. 덕분에 군의관이 크게 힘들이지 않고 통역하는 영어를 잘 알아들을 수 있다.

예를 들면 '콧물이 난다'는 말은 보통 'Runny nose' 라고 하는데 의학용어로는 'Rhinorrhea' 다. '가래'도 일상생활에서는 'Phlegm'이란 단어를 더 많이 사용하지, 의학용어인 'Sputum'을 많이 사용하지는 않는다. 오히려 순수 토종 한국 의사는 Runny nose, phlegm 같은 단어가 더 생소하고 머리에 잘 들어오지도 않는다. 이외에도 건염인 tendinitis, 염증인 inflammation 같은 용어도 잘 알고 있어 현지 통역인은 군의관이 잘 알아들을 수 있는 용어로 변환해서 쉽게 이해하도록 잘 말해준다. 의학적 용어를 잘 말하는 것뿐만 아니라 잘 알아듣기도 하고 의학 진단명도 웬만큼 알아듣기 때문에 진료가 수월하다.

또 매일 진료 통역을 보러 다니며 도와주기 때문에 환자 성격 파악과 생활환경도 눈에 훤히 꿰뚫고 있다. 어떤 환자가 약을 일부러 더 받아 가는지, 어떤 환자는 진짜 약이 필요한 환자인지 속속들이 잘 알고 있어 초반에는 그들의 도움이 절대적이기도 하다. 실제로 현지 통역인인 이브라힘(Ibrahim)은 민군작전을 나가는 마을 '디바(Dibbah)'에 살고 있다. 디바(Dibbah)로 민군작전을 나가는 날에는 그의 마을 친구가 진료를 보러 오는 셈이 된다. 그 마을의 속사정까지도 훤히 파악하고 있는 이브라힘 덕분에 환자가 많아도 진료가 한결 수월했다.

현지 진료 업무 강도

진료 보는 마을의 관청(또는 주민 센터 같은 관공서 건물)에 도착하면 그 마을에서도 우리를 도와주기 위한 인력이 대기하고 있다. 관청에서 업무하며 진료 장소를 정리해주고 우리와 지역주민 환자를 안내하며 돕는 직원이 있다. 어떤 직원은 진료 대기 환자 질서를 지키도록 유지하고 어떤 직원은 종이 차트를 관리하며 그때그때 차트를 찾아 진료를 원활히 볼 수 있게 돕는다. 레바논 현지 경찰과 군인도 우리의 안전을 돕기 위해 진료 날에 나와 있다.

군의관은 민군작전 현장 진료에서 가장 중요하고 핵심적인 직책이다. 환자 통제, 현장 통제, 처방 등 모든 업무에 대해 옳다고 생각하고 대부분의 사람이 수긍할 수 있는 것을 명령하고 통제하고 추진해야 한다. 간혹 환자나 현지인의 페이스에 휘둘릴 수 있지만, 내가 바로 서 있어야 모두가 맡은 업무를 원활하게 수행할 수 있다.

마을 진료는 간단한 문진과 진찰만 가능한 여건 속에서 이루어진다. 혈압과 혈당 검사는 가능하지만, 더 정밀한 검사는 할 수 없다. 즉 환자의 말과 내가 진찰한 소견에 의존하여 약을 처방하고 줄 수밖에 없다. 이런 측면에서 보면 더 정밀하고 세밀한 진료를 해 줄 수 없는 상황이 아쉽다. 한편으로는 약을 처방해 줄 수 있고 지역 주민에게 작은 도움이라도 줄 수 있다는 사실에 그나마 위안이 되기도 한다.

현지 의료지원 민군작전은 오전에만 실시한다. 처음에는 마을마다 진료 봐야 하는 환자가 많다고 들어서 오전과 오후에 해나가면 그래도 다 할 수 있지 않을까 생각했는데 오후에는 진료 보기가 어렵다고 한다. 여기는 오후 3시 정도가 되면 진료하는 관공서 건물이

문을 닫는다. 우리가 오후에 진료하고 싶어도 공간이 폐쇄되므로 할 수 없다. 더 큰 이유는 약품 부족과 인력 부족이다. 한정된 예산안에서 약품을 사 왔기에 오후에도 진료를 보고 약을 줬을 때는 장기적으로 줄 약이 없게 된다. 현지 의료지원 민군작전에 동행하는 부대원 중 오후에 다른 임무가 주어지는 경우가 많은 것도 하나의 이유다. 대테러팀과 운전병은 현지 의료지원 민군작전에만 투입되는 건 아니다. 이들은 의료지원 임무를 돕는 것 외에, 오후에는 부대 내 다른 업무도 봐야 한다. 현지 통역인도 마찬가지다. 현지 통역인은 의료 민군작전 통역만 전담으로 하는 게 아니다. 인사과, 정보과, 군수과, 작전과 등의 행정 파트에 소속돼 있어서 UNIFIL 사령부로부터 오는 지시사항과 보고를 확인하고 동명부대와 연결하는 임무도 있다. 또 동명부대와 외부의 출입을 담당하는 위병소 근무도 서야 한다.

어쨌든 대개 아침 9:00부터 11:30 정도까지, 약 2시간 30분 만에 평균 40명에서 60명 정도의 환자를 봐야 하는 아찔한 상황이다. 이 정도면 우리나라 대학병원 수준의 빠른 진료다. 어쩌면 그보다 더 많은 환자를 처리하는 셈이기도 하다. 농담 반 진담 반으로 말하면, 3분 진료를 반드시 지켜야만 한다. 다행히 기존에 받았던 약을 원하거나 고혈압, 당뇨병, 고지혈증 같은 만성질환 조절 같은 진료는 그래도 꽤 빨리 환자를 볼 수 있다. 새로 오는 환자, 새로운 질병이 발생한 환자를 보는 경우는 좀 다르다. 증상을 파악하고 진단을 내려 약을 고르고 처방하기까지 어려움이 상당하다. 나타난 증상과 병에 대해서만 진료를 보는 건 대학병원에서 경험하고 숙달된 나로서는 어렵지 않은데, 정서가 다르고 문화가 다른 사람들을 만나, 교감하고 편안하고 친근하게 대해주며 요구와 불만을 들어주는 것까지 소화해야 하니 여간 쉽지 않다.

경험이 자산이 되는 경험

첫 현지 의료지원 민군작전을 성공적으로 마친 이후로 현지 의료지원 민군작전 간에 환자를 정말 많이 봤다. 대부분은 고혈압, 당뇨병 같은 만성질환을 앓고 있거나 감기, 귀통증, 장염 같은 급성 질환 환자다. 어린아이들이야 중이염이 걸리는 일이 흔하다 하더라도 성인들도 중이염을 호소하는 경우가 꽤 많아서 놀랐다. 특히 감기 기운이 있는 성인이 귀가 아프다고 하면 바쁘더라도 검이경으로 꼭 귀 안쪽을 확인했는데 대부분 귀 내부에 염증, 진물, 부어오름, 발적, 핏덩이 중 한 가지 이상을 확인할 수 있다. 나는 이비인후과 의사가 아니니 검이경을 사용할 일이 흔하지 않지만, 어쨌든 한국에서 있을 때 보다 확실히 검이경을 보는 실력이 늘었고 병적인 흔적을 더 잘 발견할 수 있게 됐다. 내과 의사로서 다른 의학 분야의 진찰 능력을 기를 수 있었다는 기회를 얻었다는 건, 기본 일차 진료를 잘할 수 있는 토대가 되기에 개인적으로는 감사하다.

나는 내과를 전공해서 소아 환자를 경험할 기회가 거의 없었지만 현지 의료지원 민군작전에서 소아 환자를 많이 보게 되었고, 산부인과적인 문제를 가진 여성 환자도 많이 보게 되었다. 소아나 임신부에서 절대 복용 금지 약물이나 주의해서 사용해야 할 약물이 있다. 절대로 복용하면 안 되는 약은 당연히 알고 있었지만, 주의해서 사용해도 되는지의 여부는 조금 애매했다. 이런 약을 사용하는 전공이 아니다 보니 경험이 모자랐다. 모유 수유 중인 여성도 많았기 때문에 모유 수유에 영향을 미칠 수 있는 약에 대한 지식도 필요했다.

덕분에 임신부가 오면 투여할 약의 결정을 신중하게 결정하게 되었고 그 짧은 시간에 한 번이라도 더 찾아보고 안전한 약을 주게 되었다. 진료 당시뿐만 아니라 진료가 완전히 끝나고도 궁금했던 점을 찾아보고 공부하다 보니 의과대학에서 공부했던 게 어슴푸레 떠오르기도 하면서 어느 정도는 숙지하게 되었다. 애초부터 완전한 내 지식이었으면 좋았겠지만, 해당 분야의 전문가가 아닌 것을 어쩌겠는가. 내 전문분야가 아니라고 해서 무작정 모르고만 지낼 수도 없는 노릇이기에, 평생 찾아보고 공부하는 삶을 살아야겠다고 다짐했다.

라마단과 의료지원

현지 의료지원 민군작전을 하다 보니 라마단 기간이 다가왔다. 말로만 들어봤지 금식을 한다는 것 외에 특별한 지식이 없던 내가 라마단을 간접적으로 옆에서 지켜볼 수 있게 된 것은 신기한 경험이었다. 내가 경험한 라마단은 양력으로 2018년 5월 16일부터 6월 15일까지였다.

라마단은 고백, 기도, 자선, 순례와 함께 이슬람 신자들이 지켜야 하는 '다섯 기둥(5주)'의 하나로 한 달간 단식하며 자신을 인내하고 정화하는 수양의 시간이다. 라마단 기간의 단식은 해가 떠 있는 시간에 이루어진다. 해가 지면 비로소 먹는 것이 허용된다. 고통과 인내가 따르는 라마단 단식은 모든 무슬림이 꼭 그 시간에 지켜야 하는 절대 의무는 아니며 예외도 있다. 14세 이하의 아이, 자기 행위에 책임을 질 수 없는 정신지체자, 노약자, 단식하면 건강이 나빠지는 환자, 장거리 여행자, 전쟁 중인 군인, 어린아이, 임산부와 수유기의 산모, 생리 중인 여인에게는 모든 조건이 정상화될 때까지 단식 수행이 연기되며 나중에 자신이 원하는 날짜에 단식을 수행하면 그만이다. 엄격한 가운데에서도 유연한 규정을 두고 있다는 걸 알 수 있다.

라마단이 끝나는 날은 '이드-알-피트르(Eid Al Fitr, 단식을 깨는 날)'라고 한다. Eid는 Eed, Ed 라고 쓰기도 하는데 그 의미는 축제(Festival)다. 즉 라마단이 끝나는 날부터 3일간은 축제다. 온 거리가 축제로 휩싸인 요란한 축제는 아니지만 종교적이면서 국가적인 축제다. 이드-알-피트르는 이슬람에서 굉장히 중요한 날이다. 한 달간 단식 뒤의 고통을 딛고 즐기는 일이기 때문이다. 단식에 성공했다는 의미로 서로 껴안고 무사히 마친 것을 축하한다. 맛있는 음식과 선물을 주고받는 게 일반적이다. 함께 모여 축제 예배를 드리고 이맘의 설교와 덕담을 듣는다. 이처럼 라마단은 이슬람의 거대한 축제는 성스러운 종교적 의무의 완성일 뿐만 아니라 무슬림을 한데로 묶어 강한 결속력을 유지하는 원동력이 되기도 한다. 건강하게 사회통합을 이루는 과정이다.

라마단 기간에는 사회적으로 구조적인 변화가 생긴다. UNIFIL은 라마단 동안 아침 8시부터 오후 3시까지를 공식적인 업무시간으로 인정한다. 이슬람교를 믿는 UNIFIL 현지 직원이나 다른 나라 부대원이 있기 때문에, 배려하는 것이다. 라마단 중에는 현지인의 이슬람 문화를 존중할 것을 교육한다. 연합기동이나 도보 정찰할 때 물, 껌 등의 취식물을 자제하도록 교육받는다. 이 기간에는 현지인이 보이는 데서 흡연하면 안 된다. 라마단 기간의 무슬림은 낮에 활동을 많이 할 수가 없다. 따라서 낮에는 주로 휴식을 취하거나 잠을 자고 해가 지고 나면 활동을 개시한다. 그러다 보니 낮과 밤이 바뀌는 생활패턴이 발생하고 낮 동안 현지인의 졸음운전 비율이 높아진다고 한다. 낮 운전을 조심해야 하고 일몰 전후 2시간 동안 이동은 자제하는 게 좋다. 교통량이 몰리기 때문이다. 라마단 동안 변동되는 레바논군의 일과도 존중하라는 명령도 중요하다. 또한 이드-알-피트르 축제 기간에는 교통량이 증가하고 일부 도로는 축제로 통제하기 때문에 부대 외 업무와 작전에 각별히 유의하라는 지시가 내려온다. 축제 기간에 아이들이 장난감 총기로 화약 탄을 사용하는 빈도가 높아지므로 이 역시 주의해야 할 사항이다. 이처럼 라마단은 사회적인 거대한 변화를 동반하므로 생각할 사항이 많다.

이런 일반적인 문제 이외에도 의료 진료에서 내가 전혀 생각해 보지 못한 문제점이 발생했다. 가장 큰 문제는 바로 환자가 약 먹는 시각을 바꿔야 한다는 것이었다. 라마단에는 낮에 입으로 먹을 수 없으니 당연히 약도 먹을 수 없다. 물론 심각한 질병 때문에 약을 먹어야 하는 것은 예외지만, 일상적인 투약은 어림없다. 내 입장에서는 난감했다.

약물은 약동학적으로, 약력학적으로 체내에서 효과를 내는 시간과 농도가 각기 다르다. 가능하면 약물 복용법에 맞춰서 먹는 것이 가장 좋다. 고혈압약이나 당뇨병약 같은 만성질환을 조절하는 약물을 복용하고 있는 현지인은 약물을 복용하면서도 라마단의 계율을 지키고 싶어 했다. 따라서 약제 시간을 밤으로 조절할 수밖에 없었다. 하루에 3번 복용해야 하는 약이면 밤 8시, 밤 11시, 새벽 3시 이렇게 복용하라고 설명했다. 해가 떠 있는 시간에만 먹지 않을 것 같지만, 실제로는 새벽 3~4시경 첫 아잔이 울리고 나서부터는 먹지 않는다고 한다. 해가 뜨면서 금식을 시작하는 게 아니라 해가 뜨기 이전부터 금식이 시작되는 셈이었다. 그러다 보니 하루 시작 전에 약을 먹는 시점을 새벽 3시로 정할 수밖에 없었다. 평소 약물을 복용하던 시간과는 달라 환자도 혼란스럽고 나도 약물이 어떻게 조절될지 몰라 어렵긴 했지만, 임시방편으로 이렇게 할 수밖에 없었다.

약물 복용이야 시각을 달리할 수 있었지만, 또 다른 문제가 있었다. 라마단 기간에는 피를 보는 게 금지되어 있다. 무슨 말인가 하면 인위적으로 피를 흘리는 건 안 된다는 말이다. 따라서 당뇨병 환자가 혈당 체크를 거부하는 사태도 발생했다. 그나마 현지 대민진료 민군작전에서 검사할 수 있는 항목 개수는 고작 네다섯 개 정도인데, 손가락을 찔러 피를 보는 혈당검사를 못 하게 되니 난감했다. 전문적인 피검사를 위해 10cc 이상 채혈을 해가는 것도 아닌, 고작 핏방울로 검사하는 혈당검사인데 말이다. 혈당 수치를 보고 약물 용량 조절을 했었는데, 간단한 검사라도 라마단 때는 할 수가 없으니 눈 감고 코끼리 다리를 만지듯이, 약물을 조절하는 것도 더듬거리며 하는 형국이 되었다. 혈당이 급격하게 나빠지지는 않겠거니 하는 마음의 위안을 하며 아슬아슬한 처방이 이어졌다. 치과 현지 대민지원 민군작전은 라마단 동안 중단할 수밖에 없었다. 시술이 이루어지는 치과 치료는 잇몸에서 피가 나기 때문이었다. 1달간 진료가 강제로 중단되었다.

라마단 기간에 현지 의료지원 민군작전을 나가면 환자 수가 약간 줄어든다. 줄어드는 정도는 마을마다 다르다. 어떤 마을은 환자 수가 많이 줄었지만, 어떤 마을은 환자 수가 줄지 않고 평소와 비슷하다. 마을마다 이슬람교도의 수가 다르고 종교의 구성도 다르기 때문이다. 또 무슬림 중에서도 독실한 사람도 있고 그렇지 않은 사람도 있어서 라마단을 엄격하게 지키는 사람이 있기도 하고, 그렇지 않은 사람이 있기도 하다. 라마단을 아주 철저하게 지키지 않는 무슬림이라면 낮에 진료를 보러 오는데 큰 지장이 없다. 라마단을 철저히 지킨다면 낮 동안의 단식 때문에 낮에는 휴식을 취하기 마련이다.

라마단 기간 중반이 넘어가면서부터 복부 불편감, 명치 쓰림, 무력감, 피로감, 불면증 등을 호소하는 환자가 꽤 늘었다. 처음 이런 증상을 들으면 원인이 뭘까 고민을 많이 했었는데, 조금 듣다 보면 라마단 기간에 행해지는 단식 때문에 발생하는 문제임을 알 수 있었다. 특히 굶는 것 때문에 속 쓰림, 복부 불편감 같은 위장장애를 호소하는 사람이 많다. 아무래도 단식하는 기간이 길어지고 낮과 밤의 생활 패턴이 달라지다 보니 당연히 육체적으로 문제가 발생할 수밖에 없다. 치료는 잘 먹고 일상생활 패턴을 원래대로 바꿔야 하는 것이지만 종교적 의무를 행하고 있는 사람 앞에서 강하게 권유할 수 있는 건 아니다. 조심스레 금식과 생활 패턴 변화로 인한 증상임을 설명하고 라마단이 끝날 때까지만 조금 힘내자고 말하면 환자들도 금방 알아듣고 본인도 어쩔 수 없는 상황임을 이해한다.

적절한 시간 간격의 단식은 장점도 있지만, 단식기간이 길어지면 단점이 생기기 마련이다. 주위에서 들은 바로는, 해가 지고 나면 단식으로 생긴 배고픔을 해소하려고 폭식하는 사람도 종종 있다고 했다. 안 그래도 낮과 밤이 바뀌는 생활을 하는 건데, 폭식 같은 식사 습관의 변화는 인간의 생체리듬을 망가뜨린다. 단식으로 인해 폭식하거나, 식습관의 변화와 함께 낮과 밤의 생활패턴이 바뀌는 것은 바람직하지 않은 현상이다.

라마단 기간 중 진료 볼 때 삼가야 하는 일이 있었다. 바로 라마단을 수행하고 있는 환자 앞에서 물을 마시는 것이다. 원래는 진료 중간에 물을 마셨는데 라마단 중에는 그럴 수가 없었다. 라마단 이틀 전에 기독교 신자인 현지 통역인에게 물어보니, 진료 중에 내가 목마르다고 물을 마시는 행위는 무례한 행위일 수 있다고 했다. 기독교 신자도 라마단 기간에는 이슬람의 문화와 전통을 이해하고 배려하며 라마단을 함께 보낸다. 어찌 됐건 라마단 동안 현지 의료지원 민군작전 중에는 진료 중 물을 마실 수 없어 만반의 준비를 하고 진료를 봤었던 기억이 난다.

동명부대에 근무하는 현지 통역인 가운데에서도 무슬림이 있다. 라마단 기간이 되니 정말 해가 떠 있는 동안에는 물 한 모금도 마시지 않는 것이었다. 통역하고 말을 많이 할 텐데도 전혀 물, 커피, 차를 마시지 않았다. 라마단 자체가 처음 겪는 일이고 신기해서 현지 통역인에게 라마단 때 먹지 못하면 힘들지 않은지 살짝 물어봤다. 솔직히 힘들다고는 하는데, 이번에는 여름에 라마단 기간이 포함되어 있어서 더 힘들다고 했다. 참고로 라마단은 여름이 될 때도 있고 겨울이 될 때도 있다. 왜냐하면 라마단이 시작되는 달은 이슬람력 9월(아홉 번째 달)이기 때문이다. 태음력인 이슬람력의 1년은 354일 정도이니, 매년 이슬람력은 태양력 기준으로는 11일 정도씩 앞당겨진다. 따라서 여름 라마단, 겨울 라마단이 발생하게 된다.

라마단은 앞서 말했듯이 해가 있는 동안의 단식을 하고 이슬람이 정한 여러 금지행위를 하지 않는 것이다. 따라서 겨울보다 상대적으로 해가 긴 여름이 더 힘들다고 한다. 실제로 우리 현지 통역인 중 한 명은 한 달 내내 라마단을 지키는 게 힘들어서 일주일간은 금식을 잘 지키고 다음 일주일은 식사하는 방법으로 결국 총 한 달간의 금식을 스스로 지키기도 했다. 앞서 말했듯이 고의적인 의도가 아닌 여러 이유로 단식을 못 할 상황이 생기면 자신이 편리한 날을 잡아 부족한 날만큼 단식을 채우면 되기에 이렇게 할 수 있는 것이었다. '라마단'이라도 하면 엄격하고 반드시 지켜야 할 계율이라고 알았는데, 실제로 융통성 있게 시행하는 사람을 보고 나니 라마단에 대한 부정적인 측면이 걷혔다.

8개월의 레바논 파병 생활 동안 어떤 진은 라마단을 겪지 않는 진도 있을 것이다. 나는 내가 라마단에 직접 참여한 건 아니지만, 간접적으로 옆에서 지켜보고 라마단 기간을 같이 지내오면서 새로운 경험을 할 수 있었다. 내가 평생토록 언제 한번 라마단이라는 이슬람의 큰 행사이자 축제를 경험할 수 있겠나. 중동, 이슬람의 막연한 두려움과 편견을 라마단을 통해 조금이나마 해소할 수 있었던 것 같다. 이번엔 안전의 문제로 이드-알-피트르(Eid Al Fitr)를 경험해 볼 수는 없었지만, 이슬람 문화권에 속한 나라를 방문할 기회가 생긴다면 이 축제에 참여해 보고 싶다.

레바논 현지인 진료 이야기 4

레바논 현지 주민의 얼굴을 보면 실제 나이보다 10~20살 많게 느껴진다. 차트에는 30대 초반으로 나이가 기재되어 있는데 40대로 보이거나, 50대가 70대로 보이는 경우도 많았다. 우리나라로 20~30대처럼 보이면 실제 나이는 10대 후반 정도 된다. 나이를 잘 알아맞히지 못하는 내 눈썰미가 한 이유이기도 하겠지만, 내 느낌에는 한국 사람과 비교해봤을 때는 일반적으로 나이가 조금 더 들어 보인다. 아무래도 삶의 무게가 무겁기 때문인 것 같다.

현지 주민 치료를 위해 만나는 사람은 다양했고, 이야기를 나누면서 그들을 더 잘 알게 되고 이해할 수 있어서 감사했다. 만나는 사람마다 마음 착한 사람들이어서 더욱 감사했다. 덕분에 좋은 사람을 진료하고 치료할 수 있어 레바논에서의 현지 진료가 따스한 기억으로 남아있다.

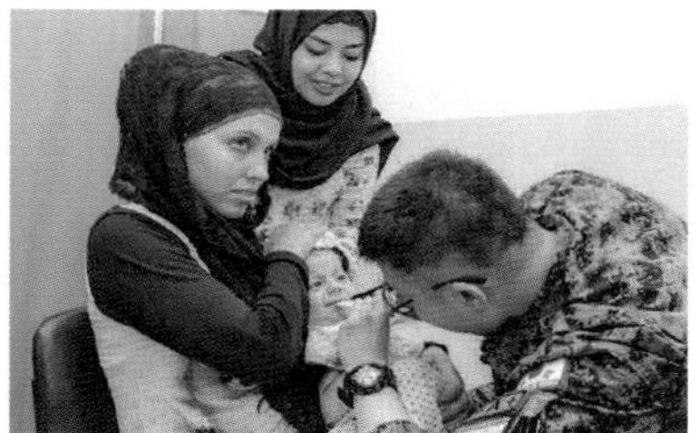

현지 의료지원 민군작전

귓속에 있던 것

현지 의료지원 민군작전 중, 어제부터 오른쪽 귀가 아프다고 한 9살 여자아이가 왔다. 아파서 잠도 제대로 못 잘 정도라고 했다. 다행히 진료보러 온 오늘 아침에는 한결 낫다는 것이다. 으레 그렇듯 당연히 감기와 동반된 중이염이겠거니 하고 감기 증상이 있는지, 열이 나는지 등을 물어봤다. 그랬더니 그런 건 없고 귀에서 소리가 많이 났다고 했다. 정신이 번쩍 났다. 흔히 계속 봐왔던 단순 중이염이 아닐 가능성이 생긴 거였다. 일단 귀는 아픈데 중이염과 관련된 통증은 아니고 소리가 났다니… 이명과 관련된 귀 질환인지 의심이 들었다. 왠지 내가 해결할 수 없을 만한 이비인후과 질병이 아닌가 걱정이 들었다. 그래도 귀 확인을 안 할 수 없어서 검이경으로 귀를 들여다봤더니, 글쎄 붉은색을 띤 커다란 벌레의 배 부분 꽁무니가 검이경 화면을 꽉 채우고 있었다!

깜짝 놀랐다. 벌레가 귀 안에 들어가서 죽어있는 모습 자체도 징그럽다. 벌레는 일반적으로 앞으로만 기어가고 뒷걸음질을 못 치기에 한번 좁은 귓구멍으로 들어가면 스스로 나오지 못한다. 벌레로서는 잘못 들어온 동굴에서 살겠다고 발버둥 치는 셈이니, 사람 입장에서 벌레의 노력은 섬뜩한 공포다. 정말 소름 끼치는 경험이다. 환아는 해맑게 웃고 있었으나 밤새 얼마나 힘들었을까 하는 생각이 미치자, 저절로 몸서리쳐졌다. 그렇다고 의사가 그 자리에서 호들갑을 떨고 불안해하면 안 된다. 환자와 보호자는 더 얼마나 놀라겠는가. 애써 마음을 다잡고 진정하며 현재 상황을 설명했다. 내가 알지 못하는 큰 병은 아니라서 안심이 되었고 벌레 때문인 게 확인됐으니 빼내기만 하면 해결될 문제였다. 불행히도 작은 귓구멍에 들어갈 만한 핀셋은 우리에게 없었고 빼낼 수 있는 기구도 없어서 근처 이비인후과에 가라고 말할 수밖에 없었다.

참고로 벌레가 아직 귀 안에서 살아 움직인다면 죽이고 빼는 게 좋다. 살아있는 벌레를 빼내려고 강제로 힘을 주면 벌레가 더 안쪽으로 들어가 버리기 때문이다. 보통은 귀 안에 따뜻한 물을 넣어 죽인 후 뺀다. 물 대신에 기름, 알코올 같은 액체를 넣기도 하는데, 귀에 염증성 질환이 있다면 주의를 해야 한다. 아주 가는 핀셋을 사용하기도 하고 흡입 기구를 사용해서 빼낸다.

3주 후 현지 의료지원 민군작전에서 그 환아의 부모가 약을 받으러 왔다. 기억나서 어떻게 해결했냐고 물어봤다. 이비인후과에 가서 흡입기구로 벌레를 빼냈다고 했다. 진공청소기가 물건을 빨아들이는 원리를 이용한 것이다.

“다행이네요. 잘 치료했다니 기분 좋습니다.”

이렇게 말하고 안심하려는 찰나, 현지 통역인이 무시무시한 이야기를 잇달아 전했다.

"벌레를 빼긴 했는데, 빼고 나서 보니 큰 바퀴벌레였대요."

환자 보호자도, 현지 통역인도, 나도 다들 소리를 지르고 머리를 감싸 쥐었다. 평소에 벌레를 무서워하는 편인데, 바퀴벌레는 가장 싫다. 으악!! 바퀴벌레였다니. 지금 생각해도 닭살이 돋고 온몸의 털이 쭈뼛 서는 기분이다. 더 이야기를 들어보니 워낙 큰 바퀴벌레여서 빼내는데 시간이 굉장히 많이 들었다고 했다. 귓구멍 안쪽에 스크래치와 함께 빨갛게 부어오르는 염증이 꽤 심하게 있었다고 한다. 아직도 염증 치료 중이긴 한데, 그래도 처음보단 많이 좋아졌다는 말을 들었다.

내가 직접 치료하지는 못했지만, 치료 가능하다는 확신을 줄 수 있었던 건 내가 귀 안을 들여다본 일 때문이다. 단순히 환자의 말만 듣고 저절로 좋아졌으니 며칠 더 지켜보자고 권유했다면, 환자는 귀에 벌레를 가진 채 며칠을 살았을 것이다. 그러다 벌레 사체가 다시 귀에 염증을 일으킬 때야 뒤늦게 치료받을 수도 있다. 조기에 알아내서 적절한 치료를 받을 수 있게 안내할 수 있었던 사실은 의사로서 뿌듯한 일이다. 또 의사가 환자 말을 듣고 진찰이 필요한 상황이라면 반드시 진찰해야 한다는 사실의 중요성을 새삼 느꼈다.

홍역과 피부질환

5살 남자아이가 전형적인 감기 증상이 있어서 현지 의료지원 민군작전 진료실에 방문했다. 열이 나면서 기침과 콧물이 있다는 것이었다. 어제부터 목 뒤쪽 피부에 작은 발진이 조금씩 생기고 있다고 했다. 단순 감기와 동반되어 나타난 알러지성 발진일 수도 있었지만 뭔가 느낌이 이상했다. 진료해야 할 환자는 많았지만, 진찰을 꼼꼼히 해야겠다는 느낌이 들었다. 혹시나 하고 입안을 봤더니 아랫입술 안쪽 점막에 충혈된 반점을 발견할 수 있었다. 그 순간 홍역(Measles)이라는 걸 직감할 수 있었다.

피부질환에서 보이는 특징적인 피부 발진 패턴은 피부과 전문의가 아니라 잘 모른다. 특히 홍역에 특징적인 발진을 경험한 적이 거의 없기 때문에, 피부발진으로 홍역을 확신할 자신이 없었다. 감기 기운과 발진을 토대로, 혹시라도 구강 점막 내에 코플릭 반점(Koplik spot)이 있는지를 확인해봐야겠다고 생각했는데, 그걸 우연히 발견할 수 있었던 거였다. 코플릭 반점은 홍역을 진단할 수 있을 만큼 굉장히 특징적인 병변이라 의대생 때도 중요하게 배우는 내용이다. 그게 여기서 이렇게 도움이 될지는 전혀 몰랐는데 갑자기 그 내용이 생각났고 심지어는 눈으로 확인할 수 있었던 행운도 찾아왔다.

홍역은 홍역 바이러스에 의한 감염 때문에 발생하는 질병이다. 전염성이 강해서 예방접종을 하지 않은 사람이 환자와 접촉했다면 감염 확률이 90% 이상이다. 홍역 바이러스는 침이나 콧물 같은 분비물, 혈액, 소변에 존재하며 홍역 환자의 침이 직접 튀지 않아도 공기 중으로 전파가 잘 되기 때문이다. 특히 전염력이 강한 초기에는 격리가 필수다. 부모에게 현재 상황과 병에 대해 설명하고 적절한 약을 처방하고 집안에서의 전염예방수칙에 대해 설명했다. 3주 뒤에 현지통역인에게 전해 들은 말로는, 그 환아는 진료받고 2~3일간 더 고생은 했지만 약을 먹으며 점차 좋아져 지금은 다 나았다고 했다. 그 뒤로 홍역에 걸린 남매를 진료 보기도 했다.

또 며칠 뒤에 1살 된 여자아기가 왔다. 얼굴에 꼭 홍역 같은 피부 발진이 있었는데 보호자는 모기에 물려 생긴 거라고 했다. 한두 군데 물렸으면 나도 벌레가 물었다고 생각할 수 있는데, 얼굴 다수에 피부 발진이 있어 이건 마치 홍역처럼 보였다. 헷갈렸다.

'자라보고 놀란 가슴 솥뚜껑 보고 놀란다'는 말처럼 홍역 환아를 심심치 않게 보다 보니 자꾸 홍역이 아닌가 하는 생각이 들었기 때문이기도 했다. 어떻게 그렇게 모기나 벌레에 많이 물릴 수 있는지 물어봤다. 현지 통역인이 대답하기를 약 2년 전부터 레바논 정부에서 공중방역을 못 하는 실정이라고 했다. 최근 여름철만 되면 예년과 다르게 모기나 벌레가 기승을 부리고 있어 잘 물릴 수밖에 없다고 한다. 홍역처럼 발열이 있지 않았고, 환아가 홍역 환자와 접촉한 적이 없었으며, 방역이 잘 안 된다고 하니 벌레 물린 얼굴일 가능성이 매우 컸다. 바르는 연고를 처방하고 금방 잘 가라앉을 테니 걱정하지 말라고 말하며 잘 교육해서 돌려보냈다. 우리나라에서는 아이의 얼굴에 벌레가 가득 문 자국이 생기는 경우는 아마 거의 없을 거다. 방역이 잘되고 있는 대한민국이 새삼 대단하다고 느꼈다. 그런데 너무 깨끗한 환경 때문에 오히려 천식, 아토피 같은 병이 생기는 것도 문제다. 무슨 일이든 중도를 지키는 게 어렵고 힘들다는 생각을 했다. 어쨌든 쾌적한 환경에서 지내지만 한편으로는 심한 감염병이 유행하지 않는 사회가 된다면 얼마나 좋을까 하는 뚱딴지같은 생각을 해본다.

기침과 고혈압 약

8년 전부터 고혈압 약을 먹고 지내는 중년여성이 진료실로 방문했다. 계속 나오는 기침 때문이었다. 단순 감기겠거니 하고 이것저것 물어보는데 아무래도 감기 때문에 생긴 만성기침은 아니었다. 이 지역은 호흡기 질환의 유병률이 높다는 이야기를 들었기에 천식 같은 호흡기질환을 배제할 수 없었지만 그럴 가능성은 낮았다. 다른 원인을 확인하기 위해서 더 자세히 물어볼 수밖에 없었다. 4년 전부터 고혈압 약제가 바뀌었다고 했고, 그즈음부터 기침이 많아진 것 같다고 말했다. 약제 부작용 때문일 가능성이 있었다. 고혈압약 중에서 부작용으로 기침을 유발하는 약이 있기 때문이었다. 지금 먹고 있는 약을 확인해 봤다. 약 이름을 듣고 나니 역시 내 생각이 맞았다. 환자에게는 설명했다.

"지금 계속 기침하는 건 고혈압 약의 부작용일 가능성이 높습니다. 고혈압약을 바꿔서 먹어보고 기침이 줄어드는지 확인해 보는 게 좋겠습니다."

우리 부대에 있는 다른 고혈압 약으로 바꿔서 처방했다. 바꾸고 나서 1달, 2달이 지나면서 기침은 확연히 줄어들었다고 했다. 생활하기에 한결 낫다고 말하면서 고마워했다. 모든 사람이 다 약물 부작용으로 고생하는 건 아니지만, 이 환자는 약물유발 기침 때문에 고생하던 경우였다. 약물을 바꾸고 나서 기침이 줄어들었고 혈압도 안정적으로 유지되었다. 만약 약물 부작용과 관련된 기침을 생각할 수 없었다면 기침을 치료하기 위해 이런저런 약을 먹었을 테고, 기침은 해결되지 않은 채 불편한 생활을 계속했으리라 생각한다. 고혈압 약을 먹고 있는 환자가 기침이 계속 날 때, 약물의 부작용 가능성을 생각해서 복용하는 약물이 뭔지를 물어볼 수 있었던 것도 운이 좋았고, 4개월 전부터 고혈압 약을 바꾸면서 기침이 났다는 걸 기억해내고 본인이 현재 먹고 있는 약도 알려줄 수 있었던 것도 운이 좋았던 것 같다. 진료 봐야 하는 환자가 밀려있어 바빴지만, 만성기침의 원인을 찾아내고 잘 치료할 수 있어서 다행이었다.

갑상샘 기능 항진증

30대 중반 여자 환자가 감기로 관청을 방문했다. 목이 부었다기에 목구멍 안쪽이 부었나 생각했다. 자세히 물어보니 목 아랫부분 피부가 부어있다고 했다. 히잡에 가려 한 번에 알아차릴 수 없었다. 환자에게 양해를 구하고 히잡 속에 가려진 목을 보기로 했다. 진료목적으로 의사 앞에서 히잡을 벗는 건 허용된다. 히잡 속에 감춰졌던 목을 보니 역시 목 아랫부분 피부가 약간 부풀어 있었다. 전형적인 갑상샘 기능 항진증의 증상 중 하나였다. 갑상샘 기능 항진증의 증상을 물어봤다. 더위를 잘 타는지, 더워지면 참기가 힘든지, 심장 박동이 빠르다고 느끼는지 등을 물어봤다. 신경질적으로 변한 것 같고 불안하고 초조한 감정이 있는지도 물어봤다. 내가 물어본 말이 다 맞는 말이라고 했다.

갑상샘 기능 항진증일 가능성이 매우 높았다. 갑상샘 기능 항진증은 말 그대로 갑상샘의 기능이 증가되어 있다는 걸 말하고, 이를 유발하는 원인은 여러 가지가 있다. 따라서 원인을 밝혀내서 원인을 치료해야 한다. 이번은 갑상샘 기능 항진증 증상은 원래 기저에 있고 이후 감기에 걸린 걸로 보였다. 감기 같은 증상을 앓고 난 이후에 갑상샘염이 생기면서 갑상샘 기능 항진증이 발생하는 경우도 있는데 그럴 가능성은 낮았다.

감기는 감기약대로 처방했는데, 갑상샘 기능 항진증의 치료는 막막했다. 이에 대한 약이 없어서 줄 수 없었다. 갑상샘에 사용하는 약은 기본적으로 갑상샘 수치를 봐가면서 조절해야 하는 전문 약품이다. 특히 처음에 약 복용을 시작할 때는 현재 갑상샘 수치를 기본으로 알아야 한다. 게다가 갑상샘 초음파 같은 영상의학 검사도 필요하다. 혈액으로 하는 갑상샘 기능 검사는 동명부대 검사기기로는 할 수 없다. 약이 없으니 줄 수도 없고, 약이 있다고 해도 검사를 할 수 없으니 객관적인 상태를 알 수 없어 약을 처방하기가 조심스럽다. 만에 하나, 약을 줬다고 해도 현지 의료지원 민군작전에서는 약에 의한 부작용을 확인해야 하는 검사를 할 수 없고 대처가 어렵다. 가능하면 빨리 지역 병원에 가서 내분비내과 진료를 받고 정밀 검사를 받아보라는 말밖에 할 수 없었다.

비록 적절하게 치료를 해줄 수는 없었지만, 환자 증상에 따라 어느 진료과 진료를 봐야 할지, 빨리 진료를 보는 게 좋을지, 조금 천천히 진료를 봐도 괜찮을지를 알려주는 일도 중요하다. 꼭 진료를 보라는 말로 신신당부를 했다. 몇 달 뒤 환자가 다른 증상으로 현지 대민진료 민군작전 진료실에 방문했다. 갑상샘 기능 항진증에 대해 물어보니 현지 지역병원에서 약을 받아서 먹고 있고 목 부은 것, 불안한 느낌 같은 증상은 전보다 좋아졌다고 했다. 환자가 좋아질 때 의사는 보람을 느낀다.

큰 병원으로 보낸 환자들

돌이켜보면 현지 의료지원 민군작전 간에 가장 응급했던 상황은 7살 아이가 대기실에서 갑자기 경련 한 일이었다. 경련한다는 환아가 있다는 말을 듣고 진료를 중단할 수밖에 없었다. 환아를 보니 다행히 경련은 막 멈췄고 사지가 약간 늘어진 상태였다. 급하게 아이를 진료실로 데리고 와서 침대에 눕혔다. 경련 당시 안구편위(눈이 돌아가는 증상)와 근간대성 발작(사지가 뻣뻣한 움직임을 보이는 증상)이 있었다고 했다. 특별한 원인은 찾을 수 없었지만, 아이가 최근에 계속 피로했다고 했다. 여러 진찰을 해보니 다행히 신경학적인 이상은 없었다. 조금 시간이 지나자 아이는 한결 상태가 좋아졌다.

일반적으로 경련은 오랫동안 지속한다고 생각하기 쉬운데 그렇지 않다. 경련하는 시간은 대부분 길지 않다. 거의 짧은 순간 왔다가 바로 좋아진다. 따라서 경련 자체를 억제하기 위해 물리적 행동을 가하거나 약을 투여하기보다는, 경련하는 동안 환자의 안전을 확보해주는 일이 더 중요할 때가 많다. 즉, 경련하는 동안 호흡이 막히지 않도록 기도 확보 같은 조치를 해주거나 경련으로 인해 발생할 수 있는 이차적 외상을 방지하는 정도만 해도 충분하다.

다행히 환아는 더 경련하지 않았고 원인 확인을 위해 검사가 가능한 병원에 가볼 것을 강력히 권유했다. 내가 환자를 봤을 때는 경련이 멈춘 상태라 다행이었지만, 나는 경련의 전문가가 아니므로 지금 지나간 경련이 어떤 종류의 경련이며 언제 또 재발할지를 예측할 수 없었기 때문이었다. 한편으로는 원인이 궁금해졌다. 경련이 이번 한 번으로 끝날지, 아니면 주기적으로 반복될지는 잘 모르지만, 부디 반복하는 경련 없이 건강하게 지내길 바라본다.

36세 여자는 옆구리 통증을 호소했다. 본인이 요로결석 병력이 있다고 했다. 결석에 의한 통증은 있었으나 다행히 발열 같은 감염의 징후는 보이지 않았다. 환자 본인도 통증이 아주 심한 건 아니라고 했다. 늑골척추각압통 검사(CVAT)를 시행해보니 양성반응은 아니었다. 이런 경우도 요로결석이 어떤 형태로 어디에 위치하는지를 확인하는 검사가 필요하다. 초음파나 전산화단층촬영(CT) 등의 영상의학 검사를 통해 확인해야 한다. 요로결석은 돌의 크기에 따라 치료 방침이 달라지기 때문이다. 크기가 4mm보다 작으면 결석이 소변으로 자연 배출되는 것을 기다려 볼 수 있다. 만약 4mm보다 크면 체외충격파쇄석술이라는 방법으로 돌을 깨야 한다.

검사 없이 말로만 듣고 치료법을 단정할 수 없지만, 여건이 따라주지 않으니 어쩔 수 없다. 아마 작은 결석이라는 가정하에 물을 많이 마시면서 자연 배출을 기다려 보자고 설명할 수밖에 없었다. 당연히 열이 나거나, 결석에 의한 통증이 심해지거나, 소변볼 때 따끔거리는 통증이 있다면 요로결석에 동반된 감염이 발생했을 가능성이 높으니 큰 병원에 가보라는 말은 필수였다.

류마티스 환자

한 40대 중년여성은 손가락이 구부러지는데 펴지질 않아서 방문했다. 정확히 말하면 펴지지 않는 게 아니라 억지로 힘을 주거나 누가 움직여 줘야만 뚝 소리가 나면서 펴지는 것이다. 류마티스 내과에서 경험했던 전형적인 방아쇠 손가락 환자였다.

방아쇠 손가락(Trigger finger)이란 손가락 힘줄에 생긴 문제로 인해 손가락을 움직일 때 "딱" 소리가 나면서 통증을 느끼기도 하고, 손가락을 움직이는 데 힘이 드는 질환을 말한다. 총에 있는 방아쇠를 당길 때 같이 "딱" 하는 소리가 나면서 움직이므로 방아쇠 손가락이라는 이름이 붙었다. 손과 손가락을 많이 사용하는 사람에게서 주로 잘 발생한다. 아무래도 많이 사용하다 보니 손가락을 움직이게 하는 힘줄이 손상되고 염증이 생기기 때문이다.

치료는 먹는 약을 사용하거나 손가락 부위 국소 주사요법을 실시할 수 있다. 심한 경우라면 힘줄 부위에 수술이 필요할 수 있다. 다행인 건 수술할 정도로 심한 상태는 아니었다는 것이다. 염증을 줄여주고 통증을 해결해주는 약을 먹으며 경과를 관찰하기로 했다. 손가락 부위를 마사지하는 형식으로 풀어주고 만져주는 것도 중요하다고 설명하고는 통증이 좋아지지 않는다면 현지 지역병원에 가보라고 권유했다.

비슷하게 손가락마디 통증으로 52세 여성이 찾아왔다. 류마티스 관절염이 의심됐다. 아침에 일어나서 관절이 뻣뻣해지고 움직이기가 힘든 증상인 조조강직이 있었다. 여러 마디에 걸친 손가락 관절이 불편하다고 호소했다. 이런 증상은 류마티스 관절염의 전형적인 증상이었다. 조금 헷갈렸던 건 아픈 관절이 돌아다닌다는 말이었다. 한꺼번에 계속 불편한 게 아니라 이쪽 관절이 아팠다가 좋아지고 나면 저쪽 관절이 아프기 시작한다는 말이었다. 말 그대로 돌아다니는 관절통이다. 처음 경험하면 상당히 어렵다. 아픈 관절이 돌아다닌다니… 류마티스 관절염이 아니라 다른 질병은 아닌지 고민이 된다. 다행히 전공의 시절에 이런 경우의 환자를 본 경험이 있어서 크게 당황하지는 않았다. 손가락 마디마디, 아픈 관절을 살펴보고 움직여

보며 진찰했다. 병력을 듣고 진찰을 했지만 류마티스 관절염에 해당하는 혈액검사, 방사선검사(X-ray) 등을 받아볼 것을 권유했다. 검사 결과에 따라 단순 류마티스 관절염인지, 질병의 활성도는 심각한지, 류마티스 관절염에 퇴행성 골관절염이 겹쳐있는지 등을 알 수 있기 때문이다. 급한 대로 류마티스 관절염에 있는 염증, 통증을 줄여주는 약제를 처방해서 복용할 것을 설명했다. 빠른 시일 내에 전문 진료를 받아보는 게 좋겠다는 권유와 함께였다.

나중에 재방문한 환자는 다행히 약을 먹고 손가락 관절 증상은 좋아졌다고 했다. 통증이 많이 좋아져 일상생활에 지장을 덜 느낀다고 하며 고맙다고 했다. 검사를 통해 상태를 정확히 알면 적절한 치료를 해줬을 텐데, 아쉬움이 개인적으로는 남았지만, 그래도 환자가 좋아졌다고 하니 뿌듯했다. 관절염으로 더는 고생하지 않았으면 좋겠다.

젊은 여성의 하지 정맥류

30대 초반의 젊은 여성이 왔다. 시리아에서 불법으로 국경을 넘어 레바논에 정착했고, 10살 남아와 4살 여아를 혼자 키우며 살고 있다고 했다. 주변 환경이 열악해서 그런지 얼굴에는 고생한 흔적이 물씬 남아있었다. 오늘 진료실에 방문한 이유는 다리 통증이 있고 쉽게 부어오르기 때문이었다. 젊은 여자에게서 흔한 증상은 아니기에 내가 알지 못하는 병일까 봐 살짝 걱정되기도 했다.

우선 다리를 보자고 했다. 전통복인 차도르를 걷어내자 다리에 툭 튀어나와 있는 구불구불한 혈관을 맨눈으로도 볼 수 있었다. 전형적인 하지정맥류였다. 초음파 같은 정밀한 검사를 통해 하지정맥류를 확실히 진단할 수 있는데, 그런 검사 기계가 없으니 하지정맥류가 나타났을 만한 병력을 더 물어보는 수밖에는 없었다. 이것저것 물어보니 2년 전 유산을 했다고 한다. 유산의 원인은 잘 모르지만 혈액순환이 원활하지 않았기 때문이라고 했다. 그때부터 다리에 혈관이 조금씩 도드라졌었으나 별것 아니라고 생각해 그냥 지냈다고 했다. 가난해서 본인이 아이들을 먹여 살려야 하는 상황이라 병원에 갈 엄두는 나지 않았고 당연히 치료는 언감생심이었다. 나와 비슷한 나이 또래인데, 벌써 이런 병이 생겨 고생하며 치료도 못 받고 지내고 있는걸 보니 딱하고 안타까운 마음이 들었다.

하지정맥류의 치료는 대개 비수술적 요법과 외과적 수술요법으로 나뉜다. 혈관 판막과 관련된 하지정맥류나 심한 정도의 하지정맥류라면 수술이 큰 도움이 된다. 그렇지 않다면 비수술적 요법을 시행해 볼 수 있다. 혈액순환을 개선하는 약물을 사용하거나 압박 스타킹을 착용해보거나 규칙적인 운동과 스트레칭을 하는 등의 바른 생활습관을 들이는 것이다. 적절한 약을 주고는 싶었지만 이런 약까지 한국에서 구매할 수는 없었다. 간단한 생활수칙을 설명해주고 하지정맥류에 대한 진료와 치료를 잘 받을 수 있도록 현지 지역병원에 방문해 볼 것을 설명할 수밖에 없었다.

환자는 병원에 갈 엄두가 나질 않아 정식으로 진료를 받을 수 없었다. 그나마 무료 진료를 해주는 동명부대가 있기에 잠시 진료를 보러 올 수 있었고, 다리 상태에 대해 진료 볼 수 있었다. 내 입장에서는 환자의 말을 들어주고 상태를 말해주며 앞으로 어떻게 해야 할지를 알려줄 수 있었던 것만으로도 보람된 일이다. 만약 내가 완벽한 치료를 해줄 수 있었다면 더할 나위 없이 뿌듯하겠지만, 그럴 수 없다는 한계를 잘 알기에 이 정도 수준의 진료와 치료 설명이라도 감사한 일이라고 생각한다.

의료 지원이 필요한 아이들

의료 지원이 필요한 아이들이 정말 많다. 우리나라처럼 기본적인 예방접종을 하지 못하고 지내는 아이들도 부지기수고, 여러 질병에 노출된 아이들도 많다.

어느 날, 10살 남자아이가 항문이 가려워서 방문했다. 밤에 심해진다고 했고 형제자매 4명이 모두 비슷한 증상이 있다고 했다. 어린 아이가 치핵(Hemorrhoid), 치열(Anal fissure), 치루(Anal fistula) 같은 항문질환일 리가 없었다. 위생이 불량하거나 기생충 질환에 의한 가능성이 더 커 보였다. 혹시나 해서 더 물어봤더니 엄마가 말하기를 기생충을 항문에서 본 것 같다고 말했다. '요충'이라는 기생충 때문일 가능성이 굉장히 높았다. 요충은 주로 밤에 알을 낳기 위해 대장에서 항문으로 이동하는데, 이 때문에 밤마다 항문 가려움증이 심해지기 때문이다. 기생충 약으로 치료하기로 했다. 형제자매에게도 기생충 약을 처방했고 같이 먹이도록 했다. 약을 잘 먹는 것도 중요하지만, 손도 잘 씻어야 한다고 강조했다. 항문을 긁고 난 손으로 다른 사람에게 퍼져나가는 경우가 매우 흔하기 때문이다. 몇 주 뒤 환아의 부모가 재방문했는데, 약을 먹고는 아이들이 다 나았다고 하면서 고맙다고 했다.

레바논에서 현지 진료를 하다 보면 기생충 약을 원하는 사람이 정말 많다는 걸 알 수 있다. 내가 직접 기생충을 보고 진단하거나 기생충 질환을 의심해서 기생충 약을 주기보다는, 환자들이 먹기를 원했다. 아무래도 우리나라보다 상대적으로 열악한 상하수도 시설과 위생 상태 때문에 지역주민이 스스로 약을 챙겨 먹는 게 아닌가 하는 생각이 들었다. 기생충 약을 한국에서 충분히 가져온 덕택에 비교적 충분히 처방해 줄 수 있었다. 레바논에서 기생충 질환으로 고생하는 사람이 적어지길 바라본다.

마음 아픈 일도 있었다. 9세 남아와 6세 여아의 이야기다. 두 아이는 남매지간이다. 시리아에 살다가 내전 때문에 가족이 레바논으로 넘어와서 살고 있었다. 진료 의자에 앉혀놓고 증상을 물어보니 감기 증상이 있다고 했다. 목 안이 아프다고 해서 설압자와 펜 라이트를 가지고 입안을 보려고 하면서 "아~" 하는 소리를 내라고 했다. 그런데 소리를 내지 못하는 거였다. 어머니가 급히 말했다.

"태어나면서부터 전혀 듣지 못해요."

그렇다. 둘 다 모두 소리를 전혀 듣지 못하는 아이였다. 듣지를 못하니 당연히 말을 할 수가 없고 얌전할 수밖에…. 사정을 물어보니 남매는 태어날 때부터 거의 소리를 듣지 못했고 이상하게 생각한 부모는 병원 진료를 봤다고 했다. 남자아이는 1살 때, 여자아이는 6개월 때였다. 시리아 의사는 달팽이관의 선천적 문제가 있어 듣지 못한다고 하며 수술이 필요하다고 했다. 수술에는 한쪽 귀마다 약 20,000달러(한화로 약 2천만 원)가 든다고 하는데 비용이 엄두가 안 나서 치료를 못 한 채 지금까지 지내 왔다. 우리나라 돈으로도 수술비가 적은 비용이 아닌데, 이들에게도 마찬가지다.

이전 군의관에게 들은 이야기가 있다. 현지 의료지원 민군작전을 하다 보면, 의사가 보기에는 실제로 치료가 필요한 질병을 앓고 있는 환자가 종종 방치되고 있다는 것이었다. 적극적인 치료로 환자의 삶이 극적으로 개선할 가능성이 있지만, 환자나 환자의 가족이 병에 대해 잘 모르거나, 경제적 여건이 안 되거나, 적절한 도움을 받을 기회가 없거나 하는 여러 이유로 치료를 못 받아서 방치된 채로 지내고 있는 현지인을 볼 수 있을 것이라는 말이었다. 그런 경우에는 동명부대 내에 있는 해당 부서와 이야기를 나눠봐서 동명부대 차원에서 도움을 줄 방법을 함께 모색해 볼 수도 있다고 했다. 인수인계 때 했던 이런 말이 불현듯 떠올랐다. 이를테면 환자를 국내에 데리고 와서 수술을 받게 하고 다시 귀국시키는 일 같은 방법 말이다. 실제로 2013년도쯤에 동명부대에서 치료 목적으로 환자를 한국으로 데리고 가서 치료한 후 귀국시킨 사례가 있다고 들었다.

오늘 방문한 이유는 감기 때문이었기에 우선은 감기약에 대해서 증상별 처방을 했다. 어머니에게 듣지 못하는 문제를 해결할 방안이 있는지 한번 알아보겠다고 얘기를 했다. 굳이 내가 나설 필요도 없고 해결하는 방법과 절차도 꽤 어려운 일이었다. 그렇지만 만에 하나라도 일이 수월하게 풀려 적절한 치료를 받아 좋아질 수 있는 상황이 발생할 수도 있다. 내가 발품 팔아 조금이라도 알아봐 주는 정도의 노력은 기꺼이 할 수 있다고 생각했다.

그날 현지 의료지원 민군작전을 종료한 후 담당 부서로 찾아갔고 대화를 나눴다. 딱한 사정으로 아이들의 불투명한 미래가 그려진다는 사실에 동의했지만, 현실적인 문제가 도움을 가로막았다. 보고체계의 문제, 업무처리의 문제, 환자를 무슨 기준으로 선별한 것이며 어떻게 선별을 한 것인가 하는 보편선별의 문제, 무수히 많은 환자의 치료 요청을 어떻게 제한하고 통제할 것인지 하는 문제 등의 난관이 앞에 있었다. 가장 큰 문제는 예산이었다. 비행기 값이며, 수술에 필요한 금액을 도저히 동명부대의 예산으로는 처리할 수 없다는 것이었다. 또 의학적인 문제도 있었다. 1살, 6개월 때 수술해야 한다고 들었지만 지금은 아이들이 상당히 성장한 상태였다. 치료하러 한국으로 왔더라도, 막상 한국에 와보니 수술 시기가 늦어져 수술하더라도 청력 회복을 장담할 수 없다는 결론이 나거나, 아니면 수술 자체가 불가능할 수도 있다는 변수가 생길 수도 있었다.

사실 비용만 충분하다면 레바논에서 검사하고 수술해도 된다. 베이루트의 대학병원은 수준이 높아 수술이 불가능한 건 아니다. 한국으로 데리고 와서 치료한다는 건 한국에서 저렴한 비용으로 수술을 선뜻 해줄 수 있다는 경우에나 가능한 말이다. 한국에서도 수술비용이 똑같다면 편도 12시간 이상 걸리는 한국행 비행기를 태워 한국까지 오게 해서 수술을 받게 할 이유가 없다. 한국에 있는 병원이 딱한 사정을 듣고 모든 비용을 부담한다면 모를까, 그렇게 해달라고 부탁하는 것도, 그런 일을 선뜻 해줄 수 있는 병원을 찾아보는 것도 쉬운 일은 아니었다.

몇 주 뒤 현지 의료지원 민군작전에서 부모를 만났고 어쩔 수 없이 도움을 주기가 힘들다는 사실을 털어놓아야 했다. 부모는 어떻게든 도움을 줄 수 없겠냐고 지푸라기라도 잡는 심정으로 이야기했지만 현실적인 문제 앞에서 의지만으로 일을 진행할 수는 없었다. 안타까운 일이었다.

발달장애가 있었던 아이도 기억에 남는다. 유난히 똘망똘망한 눈을 가진 6살 여자아이였다. 발달장애에 대해서 어떻게 해결할 방법이 없겠는지 진료를 보러 온 것이었다. 부모의 간절한 물음에도 내가 진료를 보는 자리에서 당장 해결해 줄 방법은 없었다. 큰 병원에 갈 수 있는 형편이 아니라는 걸 알면서도 원인 확인을 위해서는 지역 내 큰 병원에 가서 검사를 받아봐야 알 수 있다는 말밖에는 해줄 말이 없었다. 마음 아픈 일이었다.

감기, 중이염같이 간단한 급성기 질병이 생긴 아이를 보는 것 이외에, 이처럼 전문적인 치료가 필요한 아이를 만날 때면 늘 마음이 편하지는 않았다. 한국에서는 검사도 받고 치료도 해볼 수 있는 아이가, 이곳에서는 병원 문턱을 넘는 기회마저도 쉽지 않다는 사실이 더 마음을 짓눌렀는지도 모르겠다. 비록 내가 도움은 주지 못했지만, 기적적으로라도 기회가 닿아 검사도 받고 치료도 해볼 수 있게 되기를 기도해 보는 수밖에 없는 것 같다. 부디 꼭 그렇게 되기를 간절히 바란다.

대화가 필요했던 사람들

30세 여자는 감기로 진료를 보러 왔는데, 글쎄 이런저런 이야기를 하다 보니 7년째 아이가 생기지 않는다는 것도 상담하기를 원하는 눈치였다. 우리 수준에서 해결 할 수 있는 범위를 넘어선 진료였다. 사실 불임의 원인을 알고 싶으면 남편과 아내가 모두 검사를 받아야 하는데 당연히 불임 검사 장비는 동명부대에 없다. 검사는 안 되지만, 환자의 말을 잘 들어주는 것만으로도 환자 기분이 환기되고 나아질 수도 있다는 걸 너무나도 잘 있었기에 바쁘지만 시간을 내서 조금이라도 이야기를 들어주기로 했다. 불임을 어떻게 해결해 달라는 간절한 호소가 아니라 본인이 겪고 있는 불임의 문제, 이 때문에 발생한 남편과의 문제를 이런 자리를 통해서라도 이야기하고 싶었던 것 같았다. 환자는 많이 밀려있지만, 짧은 시간이나마 이야기를 들어주자 한결 기분이 풀려서 돌아갔다. 잘 들어주는 것만으로도 어떤 때는 큰 도움을 줄 수 있기도 하다.

비슷한 경우로 20대 중반의 젊은 여자가 탈모가 있다고 방문했다. 히잡을 쓰고 있어 머리를 보겠다고 정중하게 물었더니 상관없단다. 봤더니 깜짝 놀랐다. 탈모가 심각한 수준이었다. 그냥 멀리서 봐도 두피가 훤히 보일 정도로 머리카락이 많이 없었고 모발도 약하고 힘이 없었다. 1년 6개월 전, 시리아에서 넘어오면서 스트레스를 심하게 느꼈다고 한다. 결혼한 지 8년 되었는데 아직도 아이가 생기지 않는 것도 스트레스 요인이라고 했다. 당연하지만 관청 진료실에서는 실질적인 도움을 줄 수 있는 게 없었다. 스트레스 때문에 탈모가 더 진행하는 것 같으니 스트레스를 빨리 해소 할 수 있는 방법을 찾아보자고 했다. 스트레스 이외에도 몸 안에 질병이 숨어있어 탈모를 유발하고 있을지도 모르니, 현지 지역병원에서 검사해보는 것도 좋겠다고 했다. 환자가 그간 감정이 서러웠는지, 잘 들어주기만 했을 뿐인데도 좋아하고 눈물도 글썽였다.

가정폭력이 의심된 40대 중년 여성도 기억에 남는다. 남편이 폭력적이라고 한다. 이전에 쓰여 있는 차트를 뒤져보니 역시나 가정폭력에 대한 언급이 짧게나마 기록되어 있었다. 다행히 신체폭력은 없어서 몸이 어딘가 불편한 곳은 없었지만 언어 및 감정 폭력이 있었다.

가족 구성원이 감정을 상하게 하고 마음을 다치게 하는 언행도 분명한 가정폭력이다. 진료 보는 그 순간에 바로 문제를 해결할 대책을 내놓을 수는 없었다. 우선은 잘 들어주고 감정을 어루만져 주는 게 중요했다. 잘 듣기만 했는데도 환자가 기분이 한결 낫다고 하며 돌아갔다. 다음번에 기회가 된다면 현지인과 함께 상담 치료를 연계하기로 했다.

실제적이고 구체적인 도움을 주기 어렵지만, 환자의 이야기에 경청하고 감정에 공감해주며 소통하는 것만으로도 충분한 경우가 있다. 아니, 이게 치료 전부가 되는 경우도 꽤 많다. 꼭 의사와 환자의 관계에서만이 아니라 우리가 살아가는 일상생활에서도, 경청하고 공감하며 소통하는 것이 중요하다는 걸, 우리는 모두 다 알고 있다. 그런데 이런 기본과 원칙이 실종되는 일이 주변에는 허다하다. 당장 나부터도 때때로 그렇다. 자신이 옳다거나, 남이 틀렸다거나 하면서 듣지 않으려 하고 소통을 하지 않으려고 한다. 사람과 사람, 사람과 사회, 사회와 사회, 국가와 국가 등 상호작용하는 모든 관계에서 경청과 소통의 부재가 서로를 멀어지게 하고, 문제 해결의 길을 막아버린다. 아주 복잡하고 난해한 문제의 해결 실마리는 의외로 경청, 공감, 소통일 수 있다. 치료는 못 했지만 경청해 준 것만으로도 기분이 나아지고 묵혔던 감정이 풀리는 것처럼, 우리는 서로의 말을 성심성의껏 잘 들어줄 수 있어야겠다. 현실적으로 어려울 수 있지만, 계속 노력하려는 마음가짐과 자세가 중요하겠다. 나는 경청과 공감의 힘을 믿는다.

기억에 남은 고마운 사람들

4월 말의 어느 날이었다. 이날은 압바시아 마을에 현지 의료지원 민군작전을 나가는 날이다. 진료를 막 시작했을 때 풍채 좋은 70대 할아버지가 진료 의자에 앉으면서 뭐라 뭐라 말하는 것이었다. 아랍어가 아니고 영어를 사용해서 알아들을 수 있었다. 내용인즉슨, 축하한다는 말이었다. 내가 축하받을 일이 뭐가 있나 생각하고 들어보니 바로 남북 두 정상이 오늘 첫 만남을 하지 않았냐며 먼저 축하를 했다. 한국과 레바논의 시차는 6시간이니, 레바논의 아침 진료 시간은 한국시간으로는 오후 3~4시경이었다. 나는 사실 어떻게 흘러가고 있는지 몰랐다. 그런데 나보다도 일찍 그 사실을 알려줘서 뭔가 기분이 묘했다.

"하나의 민족이니 하나의 KOREA가 되는 게 맞다. 축하한다."

이런 할아버지의 말에 감사하다고 대답했다. 이분은 아직도 기억에 남는데 영어를 잘해서 현지 통역인을 거치지 않고서 바로 진료를 볼 수 있었기 때문이다. 서아프리카에 있는 라이베리아(Liberia)에서 일하며 영어를 사용했었기에 지금도 영어가 유창하다. 젊었을 때는 풋볼 선수로 뛰기도 했었다고 자랑을 하는데 허리를 꼿꼿하게 세우고 당당하게 걷는 폼이 건강을 유지할 수 있는 비결인가 보다. 한 달에 한 번 우리에게 방문해서 약을 받아 가기에, 지난 3월에 보고 4월에도 볼 수 있었다.

먼 레바논 땅에서 더군다나 우리나라와는 큰 관련이 없는 사람이 우리나라를 알아주고 크게 진심으로 축하해 주는 일은 거의 드물다. 관심을 가지고 먼저 다가와 아는 척을 해주고 축하한다고 말해주니 대한민국 국민의 한 사람으로서 기쁘고 감사했다. 할아버지가 오늘따라 유난히 멋있고 크게 보였다.

60대 할아버지가 자기 마을까지 방문해서 진료 봐줘서 고맙다고, 예쁜 흰 꽃 하나를 꺾어 나에게 준 일, 현지인이 어설프지만 간단한 한국말로 "감사합니다"라고 말하는 일, 의료진을 응원해 주는 일 등은 진료 보면서 기분이 좋아지는 일이었다. 아프다고 호소하는 환자를 매일 보는 나로서는 고백하건대, 진료가 매번 유쾌하지만은 않다. 처해 있는 환경이 자신을 변화시키는 주된 원인이 되기도 한다. 환자가 아프다고 얼굴을 찡그리면, 나도 모르게 같이 얼굴이 찡그려질 때도 있다. 사소하지만 고맙다는 표현을 해주거나 우리가 고생하고 있는 걸 알아주고 인간적으로 다가와 주는 환자를 만날 수 있다는 건 즐겁고 행복하고 고마운 일이다. 덕분에 지친 진료에서 힘이 나기도 하고 기분이 좋아진다. 이런 분이 있어서 진료를 잘해나갈 수 있었다고 생각한다. 정말로 감사하다.

현지 의료지원 민군작전 중 흰 꽃을 선물한 현지인과

아쉬움으로 남은 기억 5

부대 내 진료를 하다 보면 좋았던 일, 뿌듯했던 일, 감사했던 일 등 여러 긍정적이고 힘이 되는 일이 대부분이지만 당연히 개인적으로 아쉬웠던 점도 있었다. 이번엔 이런 이야기를 해볼까 한다.

진료는 진료실에서

가장 대처하기가 난감했던 일은 바로 진료 시간을 벗어났거나 진료 공간 이외의 장소에서 진료를 봐달라고 부탁하는 개인적인 요청을 들었을 때였다. 다른 부서와 마찬가지로 의무대의 진료는 일과시간에 이루어지므로 일과시간에 찾아오면 언제든 진료를 볼 수 있다. 만약 일과시간 이외에 진료를 보고 싶다면 진료 시간 외 의무대를 이용할 수 있도록 지휘통제실의 절차를 밟으면 된다. 의무대 진료 절차 홍보가 충분히 잘 안 된 탓일 수도 있겠지만, 어쨌든 부대 내에서 나를 보면 본인의 불편한 점을 이야기하는 사람이 꽤 많았다. 운동하는 헬스장, 뭔가를 먹기 위해 방문한 레바논 하우스, 식사하는 식당, 걷는 트랙 등 어디서나 내가 보이면 불편한 증상을 이야기하며 말을 붙이는 것이었다. 처음에는 내가 반갑기도 하고 친하게 지내고 싶은가 보다 하고 아는 범위 내에서 이런저런 말도 하고 지냈다. 그런데 1달, 2달, 3달이 넘어가도 이런 상황은 반복되었다. 문의하는 사람은 처음에는 거의 하루에 한두 명 정도였다. 날이 지날수록 빈도가 뜸해졌지만 그래도 계속되는 건 마찬가지였다. 해외파병 말기까지 계속되었다. 직접 얼굴을 보며 말하는 경우도 있었고, 스마트폰 메신저를 통해 연락해서 자기 증상을 이야기하거나 어떻게 해야 할지를 물어보는 사람도 꽤 많았다.

물론 아프고 불편하니까 당장 물어볼 사람으로 내가 생각났다는 건 정말 고마운 일이지만, 진료실이 아닌 공간에서 진료를 봐야 할 것 같은 분위기가 형성되어버려 어찌할 줄을 모르겠다. 오죽했으면 진료실 이외에서까지 본인의 불편한 점을 꺼내겠느냐 하는 연민의 감정도 들지만 매번 대처하기도 어렵다. 매몰차게 뿌리칠 수 없어 큰 범위 내에서 원칙적인 것만 언급해주고 결국에는 의무대로 방문해서 정식 진료를 받고 진찰도 받아봐야 한다고 설명한다. 그나마 얼굴을 보며 직접 대하는 공간에서는 아픈 부위를 볼 수도 있고 만져볼 수도 있다. 그렇지만 전화나 메신저를 통해 물어보는 증상에 대해 답을 하는 건 정말로 난감하다. 제대로 증상을 파악하기 어려워서 늘 마지막은 의무대에 방문해서 진료를 보는 것이 좋겠다는 말로 귀결된다. 아니, 그렇게 말할 수밖에 없다.

진료는 말만 듣고 할 수 있는 게 아니다. 메시지 화면은 진료할 수 있는 장소가 아니다. 메시지가 아니라 의사와 환자가 직접 만나는 게 가장 중요하다. 환자의 어조, 말투, 표정, 몸짓 등을 보고 의사소통해야 한다. 전달하는 내용만이 아니라 비언어적인 소통에서 분위기나 뉘앙스를 느껴야 한다. 문진, 진찰, 검사 등의 정보와 증거가 모이고 쌓여 어떤 질병을 유추해서 진단하고 치료하는 것이 결국 진료 과정이다.

진료라는 내 본연의 공적인 업무와 개인 생활이라는 사적인 영역이 침범당하는 걸 매번 용인할 수 없었던 점은 내 마음이 좁기 때문일 수도 있다. 그렇지만 공적인 일과 사적인 일이 구분 없이 섞여 있는 걸 좋아하는 사람이 있을까? 공적인 업무와 사적인 영역이 잘 구분되고 두 영역이 서로 존중받을 때, 각각의 영역에서 더 잘 집중할 수 있고 에너지를 더 잘 쏟아낼 수 있다고 생각한다. 지금도 해외파병지에서 이런 일이 계속 일어나고 있을 것이다. 의무대를 방문하는 게 어렵지 않다면, 진료는 의무대라는 공간에서 볼 수 있었으면 좋겠다.

개인적인 인식도 바뀌어야 하겠지만, 진료에 대한 형식적인 측면도 충분히 뒷받침되어야 할 것 같다. 전 부대원이 의무대 진료를 잘 볼 수 있도록 진료 시간과 절차를 충분히 홍보하고 알려야 한다. 한두 번으로 끝날 게 아니라 계속 알리고 공지하는 노력도 필요하다. 인식의 변화뿐만 아니라 형식적인 뒷받침이 동반될 때, 더 나은 진료를 할 수 있을 것이다.

현지 의료 시스템과의 공존

동명부대 내에서 현지 지역주민 환자를 진료하는 것도 문제였다. 현지인에 대한 진료는 현지 의료지원 민군작전을 통해 하고 있으므로 굳이 동명부대 내에서 현지인을 진료해야 할 이유는 없다. 다만 이전부터 부대 차원에서, 동명부대 근처에 사는 현지인이 응급한 상황이 생기면 봐주고 있었다. 또한 의무대에서는 중증의 응급환자를 처치할 수 있는 장비와 시설이 충분하지는 않았기에 동명부대에서는 처음 진료를 받는 화상 환자의 초 치료만을 대상으로 진료와 치료를 해주고 있는 상황이었다. 부대 내로 현지 환자를 들여와서 진료 보는 일 때문에 기어코 문제가 발생했다. 바로 위병소와 겪은 사소한 갈등이 그것이었다.

위병소(Vehicle Control Center, VCC)에서 근무하는 작전 대대 부대원의 노고는 이만저만이 아니다. 위병소는 동명부대 출입의 관문이다. 24시간 항상 교대 근무 하면서 출입하는 사람과 차량을 확인하고 신원을 파악한다. 혹시나 모를 테러 의심 인물이 부대 내로 출입하는 것은 아닌지, 부대 밖의 업무를 마치고 온 동명부대 차량에 폭발물이 몰래 설치된 것은 아닌지, 출입하는 사람의 인원수는 예고한 것과 맞는지 등의 상황을 확인한다. 위병소를 총괄하는 컨테이너 건물은 에어컨이 설치되어 있어 쾌적하다. 동명부대 출입문 옆과 그 앞쪽에 설치된 작은 초소는 사람이 한 명 정도 들어가 있을 만한 공간으로 에어컨은 당연히 없다. 누군가는 방탄복, 방탄모, 총기와 탄약을 차고 무전기를 휴대한 채로 초소에서 근무해야만 한다. 위병소 근무를 하면서 따가운 햇볕과 더운 레바논의 여름을 버텨내기엔 힘이 드는 건 당연하다. 동명부대 위병소에서 근무하고 있는 부대원이 있기에 다른 동명부대원이 부대 내에서 안전하고 평화롭게 생활할 수 있다.

화상을 입은 현지인의 초 치료를 동명부대 내에서 하고 있었기에 현지인이 입소문을 듣고 동명부대를 방문한다. 많지는 않았지만 간간이 지역 환자가 방문해서 치료를 받고 가기도 했다. 그러나 돈 없고 낙후된 곳에서 지내는 현지 주민이 와서 무료로 진료받는 거야 그렇다 쳐도, 현지 의료시설에서 자기 돈 내고 치료받을 수 있는 사람이 동명부대를 방문하는 경우도 꽤 있었다. 심지어는 비교적 최근에 출시된 벤츠를 타고 부대 내를 방문하는 사람도 있었다. 멀리 의료 시설이 있는 곳까지 가기 힘드니 부대 근처에 사는 사람만이라도 진료를 봐주자고 했던 의미도 퇴색했다.

의무대에서는 명확한 지침을 세웠다. 의무대 일과시간 동안, 처음 입은 화상 환자의 초 치료만 부대 내에서 실시하는 것으로 말이다. 해당하지 않는 경우는 위병소에서 현지 의료체계의 도움을 받으라고 말하고 돌려보내기로 했다. 바로 이 부분에서 문제가 생겼다. 화상이 아니더라도 뭔가 문제가 생긴 환자가 무턱대고 동명부대를 찾아오는 경우가 종종 있었는데, 위병소 근무자가 돌려보내는 일이 쉽지 않은 것이었다. 말도 잘 안 통할뿐더러, 현지 지역 병원을 안내하고 돌아서는 뒷모습을 바라볼 수밖에 없는 게 마음이 아픈 일이었나 보다. 위병소에서 의무대에 건의했다. 화상 이외에도 동명부대 위병소를 찾아오는 환자를 부대 내로 들여보내서 진료를 볼 수 있게 해달라는 요청이었다.

감정적이야 충분히 이해하더라도 무턱대고 바로 시행할 수 없었다. 여러 가지 문제가 얽혀있기 때문이다. 우선, 현지인을 동명부대 내에서 진료하는 일은 지역 사회의 의료체계와 시스템을 교란하는 일이다. 레바논 남부지역에도 의료기관이 있고 의료체계가 있다. 비록 부족하고 열악한 현지 의료 환경이지만 현지 시스템을 완전히 무시할 수는 없다. 현지인 환자를 동명부대 내로 받아 모두 치료하는 것은 현지 의료체계를 존중하지 않는 일이다. 오래전부터 UNIFIL 사령부에서는 환자를 각국의 부대로 입영 시켜 진료하지 말 것을 지시한 상태였다. 지역 사회 내에서도 권고한 지침이기도 하다. 환자가 부대로 찾아와서 진료를 보고 싶다고 하면 가까운 지역의 병원을 안내해주는 게 당연한 절차로 되어 있다.

동명부대 이전 진에서 한번 동명부대 내에서 현지인의 진료를 활성화한 적이 있었다고 한다. 왜 이렇게 했는지는 잘 모르지만, 현지인이 사소한 질병이라도 동명부대를 찾아오면 모두 무료로 진료를 봐준 거였다. 당시 현지 마을에 소문이 파다하게 나면서 환자가 몰려들어 인산인해를 이뤘다고 했다. 부대 내에서 동명부대원을 대상으로 진료 봐야 할 의료 인력이 현지인의 진료와 치료에 힘쓰게 되자 정작 동명부대원의 진료는 뒷전이 되어버렸다. 문제였다. 이것만 문제가 되었으면 그나마 낫다. 지역사회에서 동명부대 의무대를 향해 정식으로 항의가 들어왔다고 한다. 레바논 적십자와 지역사회 의료체계에 속해있는 집단으로부터였다. 지역에 구축되어 있던 시스템이 붕괴하는 건 시간문제였다.

부족한 인력과 충분하지 못한 예산도 문제다. 부대 내에서 봐주기로 한 화상 환자는 의무대 일과시간에만 발생하는 건 아니다. 밤에도 발생한다. 환자를 얼른 들여보내서 간단한 처치라도 하면 좋겠지만, 그마저도 쉽지는 않다. 왜냐하면 환자가 한번 부대 내로 들어오기 시작하면 여러 인력이 따라붙어야 하기 때문이다. 군의관, 간호장교, 의무병은 당연하고 아랍어 통역병도 필요하다. 신원이 확실하지 않다면 경호를 위한 작전대대 부대원도 필요하다. 군의관, 간호장교, 의무병은 평소에 진료 대기하고 있는 주간도 있기 때문에 괜찮다고 쳐도, 아랍어 통역병은 이야기가 다르다. 부대에 3명밖에 없는 아랍어 통역병을 야간 진료 업무를 위해서 대기시키는 건 불가능하다. 꼭 해야 하면 아랍어를 통역할 수 있는 인력이 더 필요하다.

때로는 신원이 명확하지 않은 지역 주민이 진료를 위해 위병소를 방문하는 것도 문제다. 급하게 위병소를 방문한 딱한 사정이야 심정적으로는 이해가 되지만, 무턱대고 동명부대 내로 받아들이는 건 위험할 수 있다. 진료 보기 위해 동명부대를 방문하는 현지인은 선량한 일반 주민일 가능성이 크다. 그렇지만 우리로서는 그 사람이 일반 현지 주민인지, 테러리스트인지 확인할 방법이 마땅치 않다. 물론 몸수색을 하며 문제점이 있는지를 확인하고 동명부대로 들어오는 절차는 있지만, 만약 작정하고 달려드는 용의자라면 막아내기가 어려운 것도 사실이다. 동명부대가 평판이 좋고 지역주민들에게 사랑을 받는 부대라 하더라도 테러 세력이 건재하고 UN군을 좋지 않게 보는 집단이 존재하기 마련이다. 인도적으로는 당연히 도와주고 진료 해야 하지만, 의료진과 동명부대의 안전이 확보된 상황이라야 의미가 있다고 생각한다. 불쌍한 환자가 테러리스트일 리는 없겠지만, 그렇다고 위협을 가할 수 있는 세력이 아니라고 100% 확신할 수도 없다.

아마 매 진마다 이 문제로 의무대와 위병소 근무자는 의견 충돌이 있었다고 한다. 사실 명확한 정답은 없다. 사람마다 어느 쪽에 가치를 두느냐에 대해 옳다고 생각하는 관점이 정해지기 때문이다. 다만 문제가 되는 건 이런 일로 동명부대원끼리 화합이 깨지고 반목이 생긴다는 점이다. 왜 의무대에서는 진료해주지 않는가? 왜 위병소에서는 응급이 아닌 환자를 현지병원으로 안내하는 게 어려운 일인가? 하는 각자의 생각 때문일 것이다.

그러니 서로 대화와 합의를 통해 가장 적절한 방안을 선택할 방법이 있어야 하겠다. 서로 의사소통을 하고 바르고 옳은 길을 찾아 나가는 과정 자체가 매우 중요하기 때문이다. 이를 통해 동명부대원 간에 오해가 생기지 않고 한 방향으로 나아가는 게 필요하다고 생각한다. 위병소에서 건의한 상황도 심정적, 감정적으로는 이해할 수 있는 말이었지만, 건의 사항을 모두 개선할 수 없었던 것은 개인적으로 안타깝게 생각한다. 나중에라도 의무대의 여건이 충분해진다면, 현지인 부대 내 진료에 대해서 더 나은 방향으로 발전해 나갔으면 좋겠다.

전자진료차트의 답답함

진료 보는 행정적인 부분에서도 아쉬운 점이 있었다. 한국의 군부대 내 의무대나 군 병원에서는 국방망으로 의무기록을 작성하고 처방을 내는 전자진료차트 시스템을 사용한다. 국내에서는 국방망이 빠르지만 레바논에서는 다르다. 속도가 느리긴 한데 일반적인 행정업무를 도저히 못 할 정도는 아니다. 물론 때때로는 속도가 너무 느려 사용하는데 답답하긴 하다. 그래도 약 8,000km 떨어진 레바논에서 국방망을 사용할 수 있다는 사실 자체는 대단하긴 하다. 그런데 이상하게 국망방에 연결된 진료 프로그램을 시행할 때는 속도가 매우 느리다. 한 환자를 진료 보고 기록하고 처방을 넣으면 약 20분 이상이 걸린다. 도저히 진료를 볼 수 없는 상황이다. 또 국방망은 한국 시각에 맞춰 있어 시차 때문에 사용하는데 제약이 있었다.

의무사령부에 이런 어려움이 있다는 걸 알렸지만 가능하면 전자 진료차트 시스템을 사용해 보기를 권유했다. 환자에 대한 기록이 전산으로 남아 있는 상태를 원했던 것 같다. 의무사령부에서 이렇게 저렇게 계속해보라고 지시했고, 프로그램을 지우고 새로 설치해보기도 하면서 해결해보려고 시도했다. 레바논에서는 한국에서처럼 잘 해결할 수 없는 환경이었다. 해보려고 노력했지만 애로사항만 늘어났다. 결국에는 이전진과 마찬가지로 종이 차트를 새로 만들어서 수기로 진료기록을 남겼다. 그편이 훨씬 편리하고 보관도 잘되고 문제도 없었다. 한국이 아닌데, 한국처럼 전산이 잘되리라 생각하는 게 오히려 더 이상할 것 같다.

레바논 현지 상황 때문에 종이 진료기록으로 진료를 편리하고 빠르게 볼 수 있었지만 파병 종료 후 의무대 부대원 중 한 명이 의무사령부에 파견 나가 수기로 작성한 의무 기록지를 전산에 올리는 번거로운 작업을 따로 해야 했다. 전산으로 보관하는 편이 편리하고 이점이 많은 건 동의하지만 레바논에서 기술적인 문제로 인해 어쩔 수 없이 시행한 수기 방식의 진료기록을 파병을 다녀온 부대원이 책임지고 전산화한다는 게 적절한 건지 잘 모르겠다. 가능하면 전자진료를 할 수 있도록 기술적인 개선이 이루어지면 좋겠다. 만약 현행대로 수기 차트 형식을 유지하게 된다면 전산화 작업에 대한 행정적인 개선이 이루어지면 좋겠다고 생각해본다.

현지 의료지원의 난제들

이번에는 현지 의료지원 민군작전에서 겪었던 난감하고 어려웠던 점에 대해 말해 볼까 한다.

현지인을 진료한다는 건 쉬운 일은 아니다. 우선 짧은 시간 동안 진료해야 할 환자 수가 많기 때문이다. 현지 의료지원 민군작전이 있는 날이면 아침부터 환자들이 몰려들어 몇몇은 이미 진료 보기 위해 대기하고 있다. 진료환자 수를 강제로 줄일 수도 없기에 파병이 종료될 때까지 계속 많은 환자를 봐야 했다. 진료 난이도 자체가 어렵다기보다는, 진료량 때문에 지치고 힘에 부친다는 느낌이므로 내가 마음먹기에 따라 긍정적으로 생각할 수 있는 상황이다.

양적인 측면 말고 진료 보는 질적인 측면에서도 어려운 점이 있다. 의학적으로 나이와 성별은 질병을 추론할 수 있는 최초의 단서이면서 가장 기본적인 항목이다. 속해 있는 연령에 따라 잘 발생할 수 있는 병이 다르고 성별에 따라서도 그렇다. 그 밖에도 인종이나 사는 지역 같은 환경적 요소도 중요하다. 예를 들면 지중해 근처에 사는 사람은 빈혈 형태 중 '지중해성 빈혈(Thalassemia)'이라는 병이 생길 수 있다. 나이와 성별이야 금방 알 수 있는 항목이라 쳐도 레바논 지역, 특히 레바논 남부지역에서 자주 발생하는 질병이나 유병률 같은 건 쉽게 알아차릴 수 없는 항목이다. 유별나게 천식 같은 호흡기 질환의 증상을 호소하는 환자가 꽤 있기에, 나중에 레바논 적십자와 이야기해 보니 이 지역에는 역시 호흡기 질환의 유병률이 높다는 말을 들었다. 레바논이라는 지역적 특성에 맞는 질병을 체감하는데 시간이 걸렸다. 이런 진료 자체에 관한 어려움은 그래도 시간이 지나면서 조금씩 줄어들었다.

의사소통의 어려움

진료 과정의 의사소통도 문제라면 문제일 수 있다. 의사소통 문제는 진료 자체의 문제보다 더 큰 경우가 많다. 진료는 어렵지 않으나, 이걸 말로 표현하고 전달하는 건 쉽지 않은 일이기 때문이다.

현지 환자가 진료실에 오면 불편하고 아픈 증상을 아랍어로 말한다. 현지 통역인을 통해 영어로 바꾸어 듣는다. 내 머리에서는 영어가 한국어로 바뀌어야 하는데 그게 쉽지 않을 때가 있다. 또 이해는 했더라도 추가 정보를 얻기 위해 내가 한국말로 된 질문과 의학지식을 영어로 치환해서 표현해야 하는데 역시 어렵다. 조금 적응하면 그래도 큰 고민하지 않고 입 밖으로 영어가 튀어나오지만, 이전에 외국인을 진료 본 경험이 없는 상황에서 자유자재로 말하는 건 절대 쉽지 않다. 환자와 현지 통역인과 내가 문답을 통해 서로 내용을 이해했더라도, 어떤 질병일지 추론하고 처리하는 과정도 시간이 걸린다. 머리가 쥐가 나는 느낌이다. 간혹 질병을 추론하기 어려운 환자가 오면 정신이 흔들리며 멍해지기도 한다. 빨리 생각해서 진단하고 치료를 결정해야 하는 중압감은 상당하다. 겉으로는 태연한 척하지만 속으로는 뭔가 결정을 내줘야 하는 압박감이 들어 안절부절못한다.

시간이 해결해 준다고, 점차 적응하며 어려움을 겪는 빈도는 줄었지만 그래도 한 번씩 질병 추론이 어려운 환자를 만날 때면 이런 상황이 반복되곤 했다. 앞으로 해외파병에 참여하는 군의관이나 의료진은 평소에 영어를 사용해서 훈련 할 수 있도록 준비를 했으면 한다. 물론 준비를 철저히 하더라도 실전에서는 시행착오를 겪겠지만, 진료받는 환자를 위해서라도 그 시행착오를 조기에 줄이고 실수를 반복하지 않아야 하겠다.

사람을 상대한다는 것

환자마다 성향이 다르고 성격이 다양하므로 '레바논 사람은 이렇구나!'라고 일반화할 수 없지만, 진료 보다 보면 여러 종류의 다양한 사람을 만나며 자신만의 생각이 정립되기 마련이다. 다양한 사람이 다양한 상황을 만들고 때로는 그것이 문제가 되기 때문에, 사람을 상대한다는 것은 절대 쉽지 않다. 기업이나 회사를 경영하는 여러 요소 중에서 원래 사람과 관련된 인적 요소가 가장 예측하기 어렵고 통제하기 힘든 항목이라고 한다. 다른 것은 예측할 수 있고 대비 할 수 있는 여지가 있는데, 사람이라고 하는 요소는 이성에 감성이 더해지다 보니 어디로 어떻게 튈지 모르는 가능성이 항상 존재한다.

사람이 다양하다 보니 정말 많은 문제가 생긴다. 작은 문제는 그냥 넘어갈 수도 있지만, 공공시스템에 문제를 일으키는 건 큰 문제다. 따라서 나는 의학적인 지식으로 진료만 보는 게 아니라 진료 이외의 사람 사이에 발생하는 갈등과 긴장에 대해서도 관여를 하고 결정을 내려야 했다. 쉽게 말해 환자를 컨트롤하는 문제였다. 현지 의료지원 민군작전 중에 의학적인 것뿐만 아니라 전반적인 진료 과정의 시스템까지도 책임져야 했다.

필요 이상으로 많은 약을 가져가면서도 지나치게 더 욕심을 부리는 환자, 진료 질서를 어지럽히는 환자, 원하는 약을 주지 않는다고 떼를 쓰는 사람, 이미 받은 약봉지를 던지고 가는 환자, 현재 상태로는 항생제가 필요하지 않다고 설명했는데도 항생제를 복용해야만 낫는다고 믿고 꼭 달라고 떼쓰는 환자, 진통제를 세게 먹길 원하는 환자, 주변에 아픈 환자가 4~5명이나 더 있다고 그들 약도 챙겨달라는 환자 등 별별 사람이 다 있다.

어떤 할아버지는 동명부대 의료진 사이에서 위험인물로 알려져 있었다. 오래전부터 본인이 원하는 약을 주지 않으면 불만을 표시하고 난동을 부리는 것이었다. 본인의 진료가 끝나고도 다른 사람 진료 때에 막무가내로 진료실로 들오는 건 예사다. 나도 처음에 당했다. 진료 중인 환자가 있음에도 불구하고 그 할아버지는 진료실로 들어와 오늘 받은 약 봉투를 보여주며 처방받은 약에 불만을 표시했다. 그리고는 항의의 표시로 약을 진료 책상에 집어 던졌다. 진료 중이던 원래 환자에게 미안한 마음이 들었다. 발생한 문제를 해결해야 했기에 원래 환자에게 진료를 잠시 중단하겠다고 양해를 구하고 그 할아버지에게는 단호하게 원칙대로 대처할 수밖에 없었다. 그렇게 많은 약은 당신에게도 도움이 되지 않고, 더 줄 수도 없다고 말이다. 이윽고 관청 직원 지도하에 환자는 진료실에서 나갔고 나는 중단했던 진료를 볼 수 있었다.

뒤돌아 생각해보니 동명부대 진이 교대되고 의료진이 바뀌면서 나름대로 길들이기 같은 행동을 한 것 같은 느낌이 들었다. 길들이기 위한 행동이든 아니든 간에 정당한 원칙에서 벗어난 행동을 했을 때는 누구나 납득하고 공감할 수 있는 기준을 가지고 명확하게 행동하는 게 중요하다. 그 상황을 모면해보고자 상대방이 원하는 대로 해 주다가는 휘둘리고 결국에는 신뢰도 잃게 될 뿐이다. 물론 곧이곧대로 항상 원칙만 고집할 수만은 없지만, 흔들리지 않는 기둥 같은 원칙에, 때로는 주변 환경과 상황에 맞출 수 있는 융통성이 가미된다면 언제든지 대처를 잘 할 수 있을 것이다.

어떤 환자는 기침 시럽을 계속 달라고 떼를 쓰는 환자도 있었다. 오래전부터 몇 번씩 자기가 원하는 약을 달라고 하는 적이 많았던 환자였다고 했다. 기침 시럽을 먹어야 하는 증상이 없었다. 처음엔 본인이 먹어야 한다고 했다가 먹을 필요가 없다고 하니 아이를 먹여야 한다는 둥 계속 말이 바뀌는 것이었다. 단호하게 안 된다고 했는데도 계속 떼를 쓰며 진료 질서를 어지럽혔다. 결국 현지 직원까지 중재에 나섰고 이런저런 사정을 확인하며 마을 시장이 와서 사과했다. 결국에는 그 환자도 약을 더 받기 위해 거짓말을 했던 걸 사과했다.

심부름으로 약을 받으러 오는 아이도 많다. 원칙대로라면 아픈 사람이 직접 와야 한다. 그래야 내가 진료를 보면서 환자 상태도 확인할 수 있기 때문이다. 불편하거나 아픈 게 어느 정도의 수준인지 말만 들어서는 가늠하기 어렵다. 아이 말만 믿고 약을 줄 수도 없고 그렇다고 안 줄 수도 없고 참 난감하다. 방문하지 않은 사람을 위해 약을 주다 보면 나중엔 방문한 사람에게 줄 약이 부족해진다.

환자는 많고 우리가 현지 의료지원 민군작전을 한번 나올 때마다 기본적으로 가지고 다니는 약의 종류도 50가지 이상이므로 일일이 약을 주기에는 힘이 든다. 숙달된 손으로 약을 아무리 분류하고 포장한다고 해도 현지 의료지원 민군작전 중에는 도저히 할 수가 없다. 그래서 대대로 사용하고 있는 게 '약속 처방'이다. 군의관, 의무병 사이에서 약을 약속해서 미리 싸놓고 오는 것이다. 기본적인 용량대로 약을 만들어 놓고 현장에 간다. 내가 환자를 보면서 기본적인 용량만 쓰면 될지, 용량을 조절해서 써야 할지를 판단해서 약속된 처방 목록에 따라 처방을 내리면 의무병이 확인해서 만들어져 있던 약을 맞게 주는 방법이다. 또 감기약도 기침, 콧물, 가래 약을 혼합한 약속 처방, 진통소염제와 근이완제를 혼합한 약속 처방, 고혈압약이나 당뇨병약 중에서 다른 계열의 약물을 혼합 사용하는 약속 처방 등 다양하게 만들어서 효율적으로 환자에게 약을 줄 수 있도록 했다. 미리 합의된 약속 처방으로 효과적이고 신속하게 일하는 방법은 유용했다. 사실 약속 처방이라는 개념은 한국의 병원에서도 많이 만들어 사용하고 있다. 이를 적용해서 레바논에서도 잘 쓸 수 있어 효율적이었다.

현지 의료지원 민군작전 중 환자가 약제 봉투나 상자를 들고 오는 경우가 많다. 보통은 약상자에 포장된 안약, 연고, 심장약, 소화기계약, 무좀약, 혈관약, 신경병증약 같은 거다. 환자는 약의 성분명을 알지 못하는 데다가 말도 안 통하니 약제 케이스를 가져오면 내 입장에서는 대번에 무슨 약인지 알 수 있어 좋다. 그런데 마냥 좋은 것만은 아니다. 동명부대에서 준 약이라면 한글로 쓰여 있어 그 약을 준다. 영어로 쓰여 있는 약품 상자라면 읽고 줄 수도 있다. 문제는 다양한 언어로 쓰여 있는 거다. 아랍어야 현지 통역인들도 잘 확인할 수 있으니 다행이지만, 프랑스어, 독일어, 이탈리아어, 러시아어 같은 약품 상자를 건네면 이건 정말 찾기 힘들다. 시간이 충분하면 번역기에서라도 찾아서 어떻게든 해볼 수도 있을 것 같은데, 짧은 시간에 많은 환자를 봐야 하는 상황에서는 그마저도 쉽지 않다. 스마트폰이라는 손 안의 컴퓨터가 있지만 해결할 수 없는 의료 언어의 장벽과 느린 통신망도 문제다. 또 정자체로 프린트된 약 이름을 보여주는 경우도 있는데 이런 건 좀 낫다. 지역 의원에서 일필휘지로 휘갈겨 쓴 처방전을 보여주며, 같은 약을 달라고 날 때도 난감하다. 나는 당연히 읽지 못하고 현지 통역인도 조금 보려고 노력하다가 이내 포기한다.

가져온 약상자, 봉투, 처방전의 해독을 포기하고 증상을 다시 물어보고 진료해서 적절한 약을 처방해 주는 편이 훨씬 빠를 때도 있다. 그렇지만 기왕이면 환자가 원하는 그 약을 주려고 노력한다. 기존 약이 자기에게 잘 맞는다고 주장하기 때문이다. 원래 먹던 약이 익숙하므로 먹는데 거부감이 없다. 약이 바뀌었을 때 순응도가 좋지 않아 복용을 꺼리는 경우도 종종 있다. 딱 맞는 약이나 같은 성분의 약이 없으면 아쉬워하며 돌아가는 사람도 꽤 있다. 딱 그대로 약을 처방해주지 못하는 미안함이 들기도 하지만, 내가 어떻게 해줄 수 없는 부분이라는 심정으로 스스로 위안하기도 했다.

사회적 약자와 난민

진료를 보는 현지인이 다 같은 레바논 사람이 아니라는 점도 어려운 점이다. 레바논에도 사회적 약자가 있다. 우리 눈에는 그냥 중동에 사는 현지인이지만, 레바논에는 자국의 내전을 피해 넘어와 사는 시리아인, 국가가 없는 채 체류하고 있는 팔레스타인인, 아르메니아인, 다른 중동국가에서 와서 사는 이집트인 등의 사람이 약자에 속한다. 현지인끼리는 서로에 대해 어디 그룹의 사람인지를 알고 있다. 다른 그룹의 현지인을 진료 본다는 일 자체는 내게 어려운 일이 아니지만 진료 순서 같은 행정적인 절차 측면에서는 복잡하고 어려워진다.

실제로 현지 의료지원 민군작전 한두 달이 지나고 나서 레바논 사람이 나에게 진료를 보며 항의 아닌 항의를 한 적이 있다.

"당신들은 레바논을 도와주러 왔으면서, 왜 레바논 현지 주민들 먼저 진료를 봐주지 않는 거냐? 아니 레바논 사람만 도와줘야 하는 거 아니냐?"

전혀 생각하지도 않은 문제가 불거진 거였다.

진료 순서가 문제가 되는 이유는 우리가 가지고 다니는 약물이나 치료 물자가 충분하지 않기 때문이다. 약이 넉넉하다면 진료 순서는 중요하지 않다. 그러나 실제 벌어지는 일은 안타깝다. 진료 보다 보면 뒤편 진료순서에 환자에게 줄 약이 떨어져 못 주는 경우가 허다하다. 늦게 진료 보는 사람은 약물이 동이 나서 줄 수 없게 되는 상황이 반드시 발생한다는 말이다. 그럼 앞서 진료하는 사람에게 약을 조금 주면 되지 않느냐고 반문할 수도 있지만, 말처럼 쉽지 않다. 적절한 일수만큼 약을 주더라도 실제로 진료 보는 환자 수가 많기 때문에 약이 쉽게 떨어진다. 약 처방 일수를 더 길게 해달라는 사람도 있고 자기 가족에게도 줄 약을 원하기도 하는 사람도 있다는 것도 문제다. 다른 사람을 생각하지 않고 본인만 중요하다고 생각하며 행동하는 사람은 어디에나 있다.

어쨌든 순서대로 약을 주다 보면 나중에 약을 못 주는 경우가 무조건 발생하는데 약을 못 받는 사람은 다음 주에도, 그다음 주에도 계속 약을 못 받는다. 레바논에서도 약자에 속하는 시리아인, 팔레스타인인 같은 사람은 진료 순서가 늦다. 진료 보다 보면 분명 일주일 전과 이주일 전에도 늦은 순서 때문에 약을 못 받고 돌아간 사람이, 이번에도 늦은 순서로 진료실에서 얼굴을 보게 된다. 그리고 차트를 보면 어김없이 시리아 또는 팔레스타인이라고 쓰여 있다.

로마에 가면 로마법을 따르라는 말이 있듯이, 계속해오던 진료 순서 시스템을 섣불리 내가 나서서 바꿀 수는 없었다. 그렇지만 지난주에도 약을 못 받았던 사람이 이번에도 똑같이 약을 못 받아 가고 있으니, 이건 개선할 여지가 있어 보였다. 약을 못 받아 간 사람은 다음번엔 꼭 약을 따로 빼서라도 챙겨 줄 수 있도록 차트에 기록을 남기고, 인수인계도 하면서 다음번에 약을 주려고 노력했다. 기존의 시스템을 쉽게 바꿀 수 없으니 나름대로 고안한 고육지책이었다. 내 생각에 가장 좋은 건 레바논 사람이든, 시리아인이든, 팔레스타인인이든 상관없이 먼저 온 순서대로 줄 서고 진료를 보는 거다. 그렇지만 선착순대로 진료 본다면, 새벽부터 와서 문 닫힌 관공서 앞에서 줄을 서는 사람도 있을 것이고, 줄 선 사람들끼리 다툼이 일어나는 문제가 생길 수 있다. 이 사람들이라고 이런 생각을 안 해보고 실제로 안 해봤겠나? 어쨌든 해결하기 쉽지 않은 일인 것만은 분명하다. 억울한 사람이 없도록 서로 양보하고 배려해가면서 잘해나갔으면 좋겠지만, 아직도 뾰족한 방법이 없다는 게 문제다. 공평하게 약을 배분하려는 노력이 꾸준히 필요하다.

난민은 레바논 사회에도 분명한 약자다. 레바논은 시리아, 이스라엘과 국경을 맞대고 있어 이쪽 지역에서 발생한 난민이 레바논에서 정착해 살아간다. 난민과 함께 사회를 이루어가며 살아가고 있는 마을이 실제로 많다. 동명부대 작전지역 내 5개 마을에도 팔레스타인 정착촌이 있고 약 10,000명 이상의 팔레스타인 난민이 거주하고 있다고 한다. 특히 레바논 난민 중 여성 비율은 무려 88%에 해당한다고 한다. 나는 잘 알지 못하지만 분명히 현지인과 난민에 대한 차별이나 부당한 대우가 존재할 것이다.

본인이 원해서 사회적 약자가 되거나 난민이 되는 사람은 없다. 우리 마음에는 불쌍한 사람을 측은하게 여기는 마음, 다양성을 존중하고자 하는 마음이 있다. 레바논에 사회적 약자나 난민을 더욱 잘 돌볼 수 있는 정책과 제도가 마련되고 사람의 인식 변화가 생기기를 바라본다.

의사로서의 회의감

레바논 현지 의료지원 민군작전에서 느낀 어려운 점을 여러 가지 말했지만 가장 큰 문제는 의사로서 느끼는 진료에 대한 회의감이었다.

사실 레바논 현지 의료지원 자체의 목적은 지역사회 건강 증진에 도움을 주려는 활동이다. 머리부터 발끝까지 제대로 된 진료, 진단, 치료는 할 수 없다. 약품과 의료 물자가 현저히 부족하고 정식 의료시설에서 의료 활동을 하는 것도 아니다. 게다가 우리는 레바논 현지 의료 면허 자격도 없다. 말 그대로 제한된 상황에서 한정된 진료를 한다.

대부분의 분야가 그렇고 모든 일이 그렇겠지만, 어느 정도의 적절한 수준을 찾을 것이냐 하는 것은 정말 중요하다. 너무 과하지도 않고 너무 모자라지도 않게, 그렇다고 대충은 아니지만 그래도 최선의 선택을 할 수 있는 그런 수준이 가장 좋겠다. 적절한 진료 환경이 뒷받침되지 않는 상황에서 내가 어느 선에서 관여해서 레바논 현지 주민을 도와줘야 하는지도 상당히 고민되는 일이다. 내 선에서 해결할 수 없는 진료 분야와 범위에 대해서는 근처 지역 병원에 꼭 가보라는 말을 하고 돌려보내면 그만이지만, 분명 나에게 와서 진료받을 정도의 사람은 경제적인 이유로, 시간적인 이유로 그럴 수 없다는 걸 잘 알기에 마음이 편하지만은 않다.

대개 현지 환자들은 필요 이상으로 많은 약을 받아 가거나 고가의 약을 받아 가기를 원한다. 특히 오랫동안 동명부대 의료진에게 진료를 받았던 사람들은 10가지 이상의 약을 무려 한 달가량 받아 가길 원하는 경우도 꽤 심심치 않게 많다. 매주 같은 요일마다 동명부대에서 해당 마을로 진료하러 오는데도 말이다. 또 심지어는 우리와 환자의 통역을 도와주는 동명부대 소속 UN 현지 통역인과 친분을 이용해서 현지 통역인이 도리어 우리에게 많은 약을 처방하도록 종용하는 경우도 있다. 현지 통역인이 짧게는 3년, 길게는 10년 가까이 동명부대에서 의료지원을 같이 나가다 보니, 환자와 현지 통역인의 친분은 두텁다.

왜 여기 사람들은 약을 많이 받아 가려고 하는지를 물어본 적이 있다. 현지 통역인 말로는 아파도 약을 사지 못하는 수준으로 가난하게 사는 사람도 있지만, 아닌 사람도 있는데, 대부분은 약을 집에 가지고 쟁여놓았다가 나중에 증상이 생기면 약도 먹고 연고도 바르고 하려고 한다는 대답이었다. 또 천식에 사용하는 흡입제 같은 약은 우리나라에서도 비싼 축에 속하는 약제들인데, 이런 약을 받아 가서 몰래 암시장에 되팔아 차익을 남기는 경우도 있다고 했다. 이로 인해 당일 가져간 약이 빨리 동나고, 뒤 차례에 기다리고 있던 진짜 환자들은 약을 받아 가지 못하는 사태는 늘 있는 일이다.

꼭 필요한 약을 의사의 처방에 따라 적절하게 사용해야 하는데, 너무 많은 약을 원하다 보니 의사와 환자 사이에 의견충돌이 생긴다. 진료를 많이 하다 보니 나중에는 아랍어로 '통증', '발열', '위장 보호하는 약을 원한다' 같은 말을 알아듣게 되었다. 레바논 현지인이 주로 원하는 약도 알게 되었다. 그렇게 원하는 대로 해주면 1~2분 만에도 한 환자를 보는 게 가능하다. 하지만 약에 대해 설명을 하고 바로 잡으려고 하면 적어도 5분 이상의 시간이 걸린다. 오전 약 2시간 30분 동안 40~60명 이상의 환자를 보려면 한 명당 5분 이상 시간을 투자할 수 없다는 현실적인 어려움이 있다.

우리의 현지 의료지원 민군작전은 제한된 시간 내에 그들의 아픈 신체와 마음을 헤아려 적절한 치료를 제시하는 게 목표지만, 이런

식이라면 원하는 대로 약을 뿌리면서 현지인의 환심이나 사는 게 정답일까 하는 생각마저도 들기도 한다. 이런 회의감은 나만 느끼는 건 아니었다. 군의관이라면 느낄 수 있는 당연하고도 자연스러운 감정이었다. 그래도 내가 대한민국 의료 환경에서 보고 듣고 배운 걸 토대로 원칙이 바로 선 진료를 보려고 무던히 노력했다.

우리는 한정된 환경에 있기 때문에 의사로서 무력감을 느끼는 순간을 만나면 괴롭다. 앞서 듣지 못하는 두 남매에 대해 이야기 했지만, 방치되고 있는 환자를 진료 볼 때 마음이 아프다. 정말 의학적인 검사, 치료, 도움이 필요한데 환자는 모른다. 환자는 아프고 불편한 걸 호소하지만 그게 단순히 가벼운 증상인지, 아니면 큰 병의 전조 증상이라서 그런지 모르는 경우가 많다. 당연하다. 의학적 지식이 부족하기 때문이다. 그런 환자들이 해맑게 본인의 불편한 증상을 이야기하는데 의사로서 들어보면 뭔가 큰 병이 숨어 있겠다는 생각이 드는 경우가 더러 있다. 빨리 해결해야 하는데, 동명부대에서는 적절한 검사를 할 수 없으니 지역 내 큰 병원에 가라고 말할 수밖에 없다. 대한민국 병원에서 만났다면 내가 치료할 수도 있는데, 여긴 그렇지 않다는 게 내겐 안타깝다.

현지 의료지원 민군작전이 긍정적이고 지역 주민 삶의 질 개선에 도움이 되지만, 한편으로 문제점도 있는 것이 사실이다. 장점만 있고 단점이 없는 일은 없다. 모든 일에는 동전의 양면처럼 각기 다른 측면이 있기 마련이다. 부작용을 최소화하면서 장점은 극대화할 수 있는 방향으로 개선이 이루어지고 향상된다면 더할 나위 없이 좋은 활동이 될 것 같다. 열악하고 어려운 환경 가운데에서도 묵묵히 현지 의료지원 민군작전을 해나가고 있는 해외파병부대 의무대 식구 여러분에게 항상 감사하다는 말을 전하고 싶다.

동명부대는 2007년 최초로 현지 의료지원 민군작전을 시작했고 그로부터 10년 후인 2017년 현지 마을 진료 인원수 100,000명이라는 대기록을 세웠다. 내가 속한 동명부대 20진은 8개월간 부대 내 환자 진료를 약 1,800명 정도, 현지 의료지원 민군작전에서 약 5,500명 정도 진료했다. 앞으로도 진료 보러오는 사람은 점차 늘어날 것이다. UNIFIL 부대 중에서도 현지 의료지원이라는 인도적 활동으로 지역주민에게 감동을 주고 희망을 주는 부대는 동명부대가 거의 유일하다. 진료 보는 사람 수도 늘어 언젠가 200,000명이 되고 300,000명이 되겠지만, 그 이후에도 계속 지역주민의 건강과 안녕을 책임질 수 있는 든든한 버팀목으로서 동명부대 의무대가 그 역할을 다할 수 있으면 좋겠다.

현지 의료지원 민군작전 마지막 날, 함께한 모든 멤버와 함께

또 다른 작전과 임무 6

훈련 의무지원

레바논에서도 동명부대의 훈련은 계속된다. 특히 UNIFIL 소속의 다른 나라 부대와 합동훈련을 하는 경우가 많다. 훈련도 종류가 여러 가지다. 특히 사격과 관련된 훈련도 있는데, 훈련에 따르는 의무지원 요청을 받아 의무대도 훈련에 같이 따라간다. 사격장에서 불의의 사고가 생길 경우 즉각적으로 조치하기 위해서다.

4월의 날씨 좋은 어느 날, UNIFIL 주관으로 사격장에서 말레이시아군과 함께 하는 사격 훈련이 있어 의무대기를 위해 같이 사격장으로 따라갔다. 사격 중 쉬는 시간에 말레이시아 대대 사격수인 '라이즈(Laiz)'을 만날 수 있었다. 대기하던 중에 우연히 말을 하게 됐고 이런저런 이야기를 나눌 수 있었다. 사진도 같이 찍고 태극기 패치와 말레이시아 국기 패치도 교환했다. 보통 UNIFIL 소속의 다른 나라 부대원을 만나면 사진도 찍고 옷에 달린 각국의 국기 패치를 서로 교환한다. 서로 우정을 나누고 친목을 도모하는 목적이다. 그래서 UNIFIL 내에 별의별 국가 패치를 모으는 부대원도 있었다. 특히 운전병은 여러 곳을 돌아다니기 때문에 다른 나라 부대원을 만나서 국기 패치를 교환하는 경우가 많다. 브라질군은 동명부대 작전지역에서 꽤 멀리 떨어져 있어서 브라질군 패치는 구하기 어렵다. 나는 이날 처음으로 다른 나라 부대원과 국기 패치를 서로 나눴다. 지금도 말레이시아 국기 패치가 있는데 그걸 보고 있으면 그날 사격장에서 패치를 교환하고 사진도 같이 찍었던 일이 고스란히 생각난다.

사격장에서 말레이시아 부대원 Laiz와 함께

이날의 사격훈련은 오후에 시작해서 해질녘에 동명부대에 복귀하는 일정이었다. 사격장에서 동명부대까지 가는 길은 지중해 바로 옆에 난 해안도로를 타고 이동한다. 지는 해가 지중해에 걸려 따스한 햇살을 보내고 있었다. 넘실대는 황금빛의 지중해, 파란 하늘, 산들거리는 바람이 보내는 신호를 받으며 부대로 복귀하는 여정은 정말 호사였다. 일몰은 항상 부대 내 높은 곳에서만 보며 지냈는데, 우연한 기회에 바깥에서 보게 된 너르게 펼쳐진 지중해와 해질녘의 따뜻한 햇살을 보니 자유로워지는 기분이었다. 이런 풍경을 감상할 수 있도록 부대 밖을 나갈 수 있었으면 얼마나 좋을까 하는 생각이 간절해질 정도였다. 그날의 감정은 아직도 아련하게 남아있다.

또 한 번은 레바논군과 함께하는 사격 합동 훈련에 의무지원을 나갔다. 레바논군에서도 의료진이 사격 의무지원을 나왔다. 이미 레바논군 앰뷸런스가 사격장에 도착해 있었다. 의무지원을 나온 레바논군 의료진은 남자 간호사와 운전병, 단 2명이었다. 레바논군 간호사가 동명부대 앰뷸런스와 의료물자를 구경하고 싶다고 했다. 흔쾌히 들어오라고 이야기했다.

동명부대에는 3가지 앰뷸런스가 있다. 가장 좋은 앰뷸런스, 중간 정도 수준의 앰뷸런스, 야전용 앰뷸런스 이렇게 3가지다. 최고 사양의 앰뷸런스는 현지 의료지원 민군작전에 투입되어 사용하는 중이었고 오늘 사격장에는 중간 사양의 앰뷸런스였다. 우리 앰뷸런스로 들어와서 동명부대의 의무물자를 보더니 종류가 다양하고 좋다고 했다.

자동심장충격기(제세동기, AED), 다양한 종류의 수액, 흡인 기계, 부목, 거즈, 등 여러 물자를 구비하고 있었고 급성 처치에 크게 부족한 건 없었다. 그러나 최고 사양 앰뷸런스에 있는 산소통은 없었고 나머지 물자도 수가 조금 부족했다. 특히 부러워하던 건 바로 자동심장충격기(제세동기, AED)였다. 우리나라에는 관공서, 기차역, 지하철역 같은 곳에 비치된 이 기계는 심폐소생술을 할 때 필요한 기본적인 장비다. 당연히 우리나라 모든 앰뷸런스에는 이 장비가 있다. 자동심장충격기를 보고 이렇게 좋은 장비가 앰뷸런스에 있냐면서, 부러워하는 눈치였다.

이번엔 내가 레바논군 앰뷸런스에 가봤다. 압박붕대, 부목, 스플린트, 지혈대, 솜 같은 기본적인 처치만 가능한 수준의 물자만 있었다. 확실히 우리나라보다 물자가 부족한 게 눈에 훤히 보였다. 특히 수액, 자동심장충격기가 갖추어져 있지 않아 심정지 상황에서 대처가 미흡할 것 같았다.

전공의 때 우리나라에서 앰뷸런스를 타본 경험이 있다. 동명부대 내 최고 사양의 앰뷸런스가 우리나라 일반적인 앰뷸런스 상태와 물자 구비 정도가 비슷하다. 오늘 사격 의무지원 때 타고 나간 중간 사양의 앰뷸런스는 솔직히 구비된 물자가 살짝 떨어지는 정도였는데, 이 정도 수준을 보고는 극찬을 마지않았던 레바논군의 간호사를 보고 있자니 약간은 안타깝기도 했다. 의료 활동을 하는데 필요한 의무 물자를 이역만리 레바논에까지 뒷받침해 줄 수 있는 우리나라가 대단하고 고마웠다.

TCCC 교육

군의관으로서 TCCC 교육을 부탁받아 개인적으로 교육해 본 일도 기억에 남는다. TCCC는 Tactical Combat Casualty Care의 약자로 '전술적 전투 사상자 관리', '전투현장 전술상황하 응급의무처치'라는 개념이다. 더 짧게 줄여서 TC3라고 부르기도 한다. 현재 모든 미군 전투 의무 요원에게는 필수적인 훈련으로 전투 임무, 테러 임무 수행 중 발생할 수 있는 총상, 기흉, 복부 손상, 절단, 생명을 위협하는 과다출혈, 부상 등의 상황에서의 초기 응급처치법과 다친 부대원의 안전을 확보하고 후송하는 방법에 대한 내용이다.

일상에서 생명이 위독한 경우에는 구급차를 타고 최상의 응급치료를 받을 수 있는 병원에 쉽게 도착할 수가 있다. 그러나 전장은 그렇지 않다. 의무 요원이 다친 부대원에게 다가가는 게 힘들기도 하거니와 응급처치를 한다고 불빛을 켰다가 그 현장이 적에게 노출되어 모두가 위험해질 수도 있다. 게다가 전투 현장에서 발생하는 외상은 일반적인 형태와 많이 다르기 때문에 민간 방식의 응급처치 기구나 물자가 실제 전투 현장에서 그다지 효과를 보지 못하기도 한다. 이런 이유로 전투현장에서 적합한 응급처치 법이 발달할 수밖에 없었던 것이다. 네이비실(Navy SEAL) 출신인 '프랭크 K. 버틀러'는 전술 상황에서 전문적인 응급처치법이 따로 필요하다고 깨닫고 의학 공부를 해서 TCCC라는 개념을 만들었다.

특전사 대원 중 의무가 주특기인 분이 있었는데, 언젠가 내게 한번 이런 교육을 해달라고 부탁하는 거였다. 처음 듣는 개념이었다. 이런 교육을 해달라고 부탁받고 나서야 알게 되었다.

TCCC 교육은 전투 중의 처치 단계(Care Under Fire, CUF), 전술적 현장 응급처치 단계(Tactical Field Care, TFC), 전술적 후송 중 처치 단계(Tactical Evacuation Care, TEC) 이렇게 3단계로 나누어

진행한다. TCCC는 테러와의 전쟁을 통해 크게 발전했는데, 베트남 전쟁에서 부상자의 사망률은 15.8%였고 TCCC가 등장한 이후 이라크 및 아프가니스탄 전쟁에서의 사망률은 9.4%로 사망률을 약 40%나 줄였다. 한국에서는 2000년대 중후반부터 '전투 의무'라는 명칭으로 TCCC를 교육하고 있다. 나는 TCCC라는 개념은 정확히 몰랐지만, 그래도 기본적인 응급처치법이라도 배우고 싶다는 요청을 위해 공부를 해서 교육해보기로 했다. 의학을 정식으로 배운 적은 없었지만 개인적으로 응급처치에 관심이 있어 따로 공부하고 있다는 특전사 부대원이 부탁해서 그런지, 더 도와주고 싶은 마음이 들기도 했다.

그렇게 TCCC 및 일반 응급처치에 관심이 있는 특전사 세 분이 주말 휴식을 반납하고 모였다. 가장 궁금해하는 항목을 중심으로 교육하기로 했다. 기도유지를 위한 비인두 삽입법과 수액 처치를 기본으로 다른 내용을 포함해서 2시간 30분가량 교육했다. 특히 개념으로는 알고 있어도 실제로 체험해 보기 힘든 게 바로 수액을 잡아보는 일이다. 수액을 잡는 법을 내가 먼저 시범으로 보여줬고 동영상으로 촬영도 했으며, 내 지도·감독하에 서로 해봤다. 직접 해보면서 배우고 느끼는 게 가장 중요하다. 의무대 기본 처치실에서 진행했는데 잘 이해하고 곧잘 따라 해서 가르쳐주는 보람도 있었다. 주특기가 의무에 해당하는 특전사 인원은 미군하고도 교류하면서 미군 의무 요원과도 일을 한다고 한다. 이런 교육이 평소에 필요한데 실제로는 기회가 그다지 많지 않아 아쉽다고 했다. 원래는 교관 1명에 50명씩 교육을 받는데, 이번엔 내가 따로 3명만 가르치니 교육 효과가 훨씬 좋다고도 했다. 나는 그냥 내가 알고 있는 의학지식을 알려준 건데, 그게 이분에게는 유용하게 도움이 많이 돼서 뿌듯했다.

짧은 시간이었지만 가르쳐주며 나도 더 배울 수 있었다. 당시에 TCCC라는 개념을 간략하게만 알고 있었고, 파병 종료 후 관심이 있어 이런저런 내용을 찾아보긴 했었는데, 우리나라에도 TCCC를 전문적으로 교육하는 기관이 있다. 기회가 된다면 어떤 개념이고 실제로 어떻게 다른지 직접 배워보고 싶기도 하다. 그렇다면 TCCC를 가르치는 기회가 왔을 때 더 잘 가르칠 수가 있을 테니까. 제대로 TCCC를 교육하는 건 쉬운 일은 아니겠지만, 이런 교육을 할 수 있는 영광스러운 기회가 왔으면 좋겠다.

UNIFIL병원 의료진과 의무관계관 회의

UNIFIL 사령부 내에는 여러 시설이 있고 당연히 병원도 있다. 보통 'UNIFIL 병원'이라고 부른다. UNIFIL 병원은 2층 규모의 작은 병원이다. 전산화단층촬영(CT), 자기공명영상(MRI) 같은 정밀 검사 기기는 없지만 간단한 혈액검사, 소변검사, 방사선검사(X-ray)는 할 수 있고 초음파 같은 장비도 있다. 내과, 외과, 정형외과, 응급의학과, 안과, 이비인후과, 마취과, 치과 같은 진료과가 있고 간단한 수술실도 있고 입원실도 있다. 규모가 크지 않은 병원이라고 생각하면 된다. UNIFIL 병원에서 일하는 의사도 당연히 군의관이다. 어떤 국가의 군의관이 선발되는지는 모르겠지만, 인도에서 온 군의관이 많다. UNIFIL 병원에서 진료 봐야 하는 동명부대 장병이 있으면 군의관과 영어 통역병이 필수로 따라간다. 의사소통해야 하고, 의학적인 판단을 같이 내려야 할 경우도 생기기 때문이다.

여러 각국의 의사를 만나서 서로 이야기를 나누고 환자 치료를 같이 고민할 수 있었던 건 처음 겪는 일이었다. 좋은 경험이었다. 내 주위에도 한국에서 의사를 하다가 외국으로 나가서 의사를 하는 사람도 있고, 외국에서 의사 생활을 하다가 한국으로 돌아오는 사람도 있다. 또 국내병원에서 외국 의사와 함께 진료하고 치료를 경험하는 경우도 있었다. 여러 경우가 있지만, 우리나라에서뿐만 아니라 세계무대에서 자신이 배운 의술을 펼칠 수 있다는 사실은 굉장한 일이라고 생각한다. 그만큼 우리나라 의료 수준이 높다는 걸 증명하는 것일 뿐 아니라 배움의 폭이 더 확장되기 때문이다. 나도 더 기회가 된다면 해외에서 다른 외국 의사와 어깨를 나란히 견주며 한국에서 배운 의술을 펼치고 싶다. 외국 의사를 만난다는 경험을 하지 못했다면 이런 생각을 할 수 있었을까 하는 생각도 든다. 이런 소중한 경험을 할 수 있었던 것에 대해 감사하다.

의료 분야에서뿐만 아니라, 다른 분야에서도 세계무대에서 소중한 경험을 쌓고 안목을 넓힐 기회를 가질 수 있다면 좋겠다. 다양한 경험과 큰 세계무대에서의 경험이 삶과 인생을 더 풍요롭게 만들어주는 자양분이라고 생각한다. 큰 무대를 경험하고 넓은 안목을 가질 기회가 주어진다면 나는 그 사람에게 주저 없이 도전해보라고 이야기해주고 싶다. 비록 고생스럽고 힘든 일이 될지라도 분명 소중한 자산이 될 것이라 확신한다.

다만 8개월의 해외파병 기간에 이런 경험은 5번 정도였다. 한 달에 1번 정도 있을까 말까다. 진료 보러 따라간 현장에서 업무적인 목적으로 만나서 이야기를 했기에 개인적인 이야기를 하면서 진득하게 서로 이야기하고 우정을 쌓기는 어렵다. 개인적으로는 세계 각국의 의사와 소통하고 경험을 공유할 수 있는 이런 경험이 조금 더 많아졌으면 하는 바람이다.

UNIFIL 소속의 전체 의료진과 함께한 일도 있었다. UNIFIL 의무참모 주관으로 2018년 2분기 의무관계관 회의가 동명부대에서 열린 것이다. 우리 부대에서 UNIFIL 의무관계관 회의를 하는 날, 무려 15개국에서 51명의 인원이 회의를 위해 동명부대를 찾아왔다. 생각보다 많은 인원에 우리가 준비한 회의실의 자리가 가득 찼다.

잘 준비한 덕분에 회의는 순조로웠다. 각 국가에서 발표 준비를 해오고 의학지식을 공유하고 현안이 되는 문제에 대해서도 토의를 했다. 레바논에는 독사가 꽤 있어서 뱀에 물렸을 때 어떻게 조치를 해야 할 것인가, 유형별 외상처치 방법에는 어떤 것이 있는가, 광견병 및 감염관리 방법 같은 의학적 지식을 공유했다. 또 최근 다른 나라 부대에서 갑자기 사망한 부대원에 대한 조치는 어땠는지 하는 주제도 토의 대상이었다. 지역 의료진과 연계해서 부대원을 치료할 수 있는지, 본국으로의 후송 절차는 UNIFIL 사령부 병원과 어떻게 진행하는지에 대한 의견도 이어졌다. 이미 알고 있는 의학지식을 한 번 더 토의하며 되새겨 볼 수 있었다. 그 자리가 아니었으면 잘 몰랐을 다른 나라 부대원 사망 사건에 대한 소식을 들으면서 우리 부대에서는 어떻게 조치해야 하는지도 알 수 있었다.

UNIFIL 소속의 프랑스 대대에서 운영하는 항공 의무 후송팀(Air Medical Evacuation Team, AMET)의 설명을 듣고, 어떻게 효율적으로 후송해서 환자에게 도움이 될지를 배웠다. 한 팀은 의사, 간호사, 응급구조사 등으로 구성되어 있는데, 총 두 팀이 서로 번갈아 가며 업무한다. 구조요청 15분 내로 도착할 수 있게 연간 5회 정도의 환자 발생 조치 훈련을 하고 있다. 현재까지는 평균적으로 매달 1회 정도 항공 의무 후송팀이 출동하고 있다는 말을 듣고 있자니 비교적 체계적으로 움직이고 있다는 생각이 들었다. 항공 의무 후송팀이 있다는 건 알고 있었지만, 상세한 설명을 들은 건 처음이었기에 이런 정보는 유용했다. 항공 의무 후송팀의 도움을 받아야 할 상황이 오지 않았으면 좋겠지만, 어떤 환자가 어느 상황에서 발생할지 모르기에 의료진으로서 꼭 숙지해야 할 부분이었다.

다음에 임무 수행하는 다른 진에서도 부디 이런 기회를 놓치지 말고 참석하기를 하는 바람이다. 꼭 뭔가를 배워야 하고 정보를 얻어야 한다는 압박감을 가지지 않더라도 그 상황과 경험 자체를 즐기면 그 속에서 더 큰 뭔가를 얻는 깨달음을 느낄 수 있을 것 같다.

UNIFIL 사령부 내 UNIFIL 병원

고생스러웠던 의무관계관 회의가 모두 끝나고 다른 나라 부대원을 본인의 부대로 보내고 나니 홀가분한 마음이었다. 동명부대 의무대 인원 모두가 한마음 한뜻으로 열심히 준비하고 참여했기에 무사히 끝낼 수 있었다. 그날은 정말 고생 많이 했기에 모두에게 박수를 보내고 싶다.

마켓 웍스(Market walks)

부대 밖으로 나가서 수행하는 모든 업무를 '작전'이라고 부르는데 민군작전 중 마켓 웍스(Market walks)도 있다. 마켓 웍스는 말 그대로 지역의 마켓(시장)을 돌아다니는 업무다. 다섯 개 마을 내 여러 군데에 있는 마켓을 날짜별로 돌아가는 형식이다. 현지에 있는 레바논군이 우리 안전을 책임져 준다. 또 동명부대 서포터즈인 KLM 회원이 통역과 가이드를 맡아주기도 한다. 동명부대는 레바논의 분위기와 문화를 느끼고 잘 이해할 수 있도록, 8개월의 파병 기간에 적어도 한 번은 마켓 웍스를 경험하도록 장려하고 있다. 지역 주민을 만나고 소통하며 이해하며 친근한 관계를 맺는 목적도 있고 UN군을 포함한 대한민국 국군의 이미지 제고를 위한 목적도 있다. 마켓에서 필요한 물품을 어느 정도 구매하는 것도 가능하기에 지역 경제에도 작은 보탬이 되기도 한다.

마켓 웍스 전 단단히 교육을 받는다. 현지 마을에 가서 현지인을 자극할 수 있는 행동은 하지 말 것, 우리에게 다가와 구걸을 하는 사람에게 불쌍하다고 돈을 함부로 주면 안 된다는 것, 돌아다닐 수 있게 허가한 장소 이외에는 다른 곳으로 이동하지 말 것 등이다. 샤브리하 마을에는 고아로 지내는 거지 소년이 마켓 웍스 때마다 구걸한다는 소문도 있었다. 막상 가보니 마을에 거지 소년은 없었고 마을은 조용하고 평화로웠다.

마켓 웍스는 지역 마을의 시시콜콜한 모습을 보고 경험할 수 있다. 말 그대로 마을에 있는 가게, 마켓, 오일장 같은 곳을 돌아다니기 때문이다. 물건뿐만 아니라 현지인을 만나고 가볍게 인사하고 여러 문화를 보고 듣고 느낄 수 있다. 마을을 돌아다니다 보니 각 건물의 상층부에는 아직 짓다 만 흔적이 있거나 공사 중인 걸 쉽게 확인할 수 있었다. 건물 안에 사람이 살고 있음에도 불구하고 말이다. 혹시 전쟁의 상흔으로 남아있는 건물이 저렇게 많은 건가 싶어서 물어봤다. 레바논에서는 건물을 완공하면 세금을 내야 하므로 다 짓지 않고 남겨둔다고 한다. 안전에는 문제가 없는 것일까? 아슬아슬하고 심지어는 위태로워 보이기까지 한 건물에서 지내는 레바논 주민의 고단함이 느껴져 마음이 편치 않았던 기억이 난다.

도보정찰과 마을정찰

레바논에 도착한 지 3주째 되는 어느 날이었다. 이날은 오전에 도보정찰이 있고 오후에 마을정찰이 계획되어 있었다. 도보정찰이란 일정한 팀을 이루어 동명부대 주변을 순찰하고 오는 일이다. 목적은 주둔지 주변 취약점을 살피고 취약 시설을 확인하기 위해서다. 주변 마을 사람들과 소통하며 우호적인 분위기를 조성하는 역할도 있고 우리 군이 돌아다니고 있다는 것을 보여줌으로써 우리를 감시하거나 위협을 가할 수 있는 일부 무장 세력에게 경고하는 목적도 있다.

작전대대에서 하루 3차례 정찰을 매일 시행하고 있다. 다른 부서의 부대원도 그들 틈에 끼어서 도보정찰에 참여할 수 있도록 한다. 부대는 실제로 작전대대가 어떤 일을 하고 있는지, 확인도 하고 부대 주변의 상황도 알 수 있도록 장려하고 있다.

내가 속한 도보 정찰 팀에는 동명부대 6진, 16진으로 해외파병을 왔었던 배테랑 특전사 부대원이 있었다. 또 아프가니스탄 해외파병을 다녀온 다른 부대원도 있었다. 다들 해외파병지에서 임무 수행에 도가 튼 사람이었다. 도보정찰 중에 마을 사람과 인사도 하고 아이들과 손뼉도 마주치며 임무를 수행했다. 마주치며 만난 4~5살 정도의 아이들의 눈망울이 크고 예뻤다. 천진난만한 모습에서 나는 평화로움을 느낄 수 있었다. 방탄모를 쓰고, 방탄복을 입고, 총기를 휴대하고 2시간 남짓한 도보정찰을 마치니 땀이 비 오듯 했다. 나는 의료파트에 소속되어 있어 이런 임무를 전혀 몰랐지만 실제로 해보고 나니 다른 임무를 맡은 부대원을 더욱 잘 이해하게 되었다.

오후에는 마을정찰을 했다. 본격적으로 마을 현지 의료지원 민군작전이 이루어질 장소를 확인하는 과정이다. UNIFIL 중 프랑스군, 이탈리아군은 레바논에서 크게 환영받지 못한다고 한다. 레바논 현지인은 이들을 미국의 끄나풀 역할을 한다고 생각한다고 한다. 그러나 동명부대는 어느 마을을 가나 환영하고 환대한다. 담당하는 마을마다 현지 의료지원 민군작전을 실시하고 태권도 교실을 운영한다. 관청 주변으로는 풋살장을 지어줬고 필요에 따라서는 도서관을 열어주기도 했다. 마을정찰을 하며 실제로 동명부대가 지역사회에 큰 도움이 되는 든든한 버팀목임을 알 수 있었다. 다양한 활동과 지원으로 동명부대가 맡은 마을에 도움을 주고 지역 주민의 삶을 개선해주기 위해 하는 노력을 눈으로 보고 마음으로 느낄 수 있었다.

도보정찰

EOD정찰

EOD정찰도 도보정찰과 마찬가지다. 폭발물을 처리하는 부서인 EOD(Explosive Ordinance Disposal)는 매일 마을을 순찰하며 작전을 수월하게 하도록 폭발물을 식별하고 처리하는 일을 한다. EOD가 임무를 수행할 때, 역시 다른 부서의 부대원도 참여해서 그들이 하는 일을 살피고 경험해 볼 수 있다. EOD반 자체는 소규모라서 많은 인원이 한꺼번에 참여할 수 없다. 수의 장교와 함께 신청했고 내 업무가 없는 일요일에 운 좋게 함께 정찰할 수 있게 되었다. 순찰하는 차를 타고 깎아지른 듯한 절벽에서부터 리타니 강(Litani River)과 바다가 만나는 지점까지, 또 마을 곳곳에 있는 구석진 길을 돌아다니며 위험요소를 식별하고 확인하는 작업을 실제로 볼 수 있었다.

내가 참여했을 때는 특별한 위험요소가 없어서 다행이었다. 6월 더운 날씨에 방탄조끼를 입고 방탄헬멧을 쓰고 다니려니 여간 지치고 힘든 게 아니었다. 다행히 구름이 조금 낀 날씨여서 이 정도였지, 강렬한 햇볕이 내리쬐는 더운 여름엔 정말 고생스러운 일이다. 방탄 장구류는 무거운 데다, 덥고 습해서 땀도 비 오듯이 나고 체력이 금방 꺼진다. 그런데도 매일 일정한 시간에, 날씨와 상관없이 마을을 돌아다니며 위험 물질을 식별해서 다른 부대원의 안전을 확보해 주고 마을 주민의 안전을 지켜주는 EOD의 활동이 있기 때문에 오늘도 무사히 안전하게 지낼 수 있다는 걸 알 수 있었다.

동명부대에서 다른 부대원이 하는 일에 참여하도록 장려하는 건 좋은 일이라고 생각한다. 다른 부서에서 어떤 일을 어떻게 하고 있는지 체험해보고 경험해 봄으로써 서로를 알 수 있고 이해하게 된다. 부대원끼리 서로 잘 알고 원활히 의사소통할 수 있어야만 긴 파병 생활을 성공적으로 해낼 수 있다. 나는 마켓 웍스, 도보정찰, 마을정찰, EOD정찰 활동을 통해 다른 부대원의 노고를 알 수 있었고 동명부대가 하는 일을 더 잘 알 수 있었다. 물론 환자를 봐야 하는 업무 일정 때문에 시간이 충분하지 않아 2번 이상 참여할 수는 없었지만, 한 번이라도 경험 할 수 있다는 건 정말로 중요하다. 지금도 정찰업무에 힘쓰고 있을 부대원의 수고로움에 감사하며, 모두 안전한 활동이 되기를 바란다.

EOD 정찰

KLM과 한류

KLM은 Korean Lebanese MashaAllah의 앞글자를 따서 만든 모임이다. 현지 레바논인으로 구성된 동명부대 서포터즈의 다른 이름이 KLM이다. 아주 좁은 의미로는 언어교환 활동에 참여하는 현지 레바논사람이다. KLM은 2015년 3월, 처음 26명의 현지인으로 만들어졌다. 현재는 약 56명으로 회원 수가 늘어났다. 이들은 주로 10대 후반에서 30대 초반의 현지인인데, 매주 토요일마다 동명부대를 방문해서 한국어를 배우기도 하고 동명부대원에게 언어를 가르쳐 주는 선생님 역할을 하기도 한다. KLM 회원이 한국어를 배우는 한국어 교실 외에도 반대로 KLM 회원이 동명부대원에게 언어를 교육해 주기도 한다. 크게 세 가지 언어인데 영어, 프랑스어, 아랍어다. 각각 초급, 중급반이 있고 영어는 고급반까지 있다.

나는 영어를 배우고 싶어서 영어 중급반을 신청했다. KLM 선생님은 와플 기계를 가져와서 같이 만들어 먹기도 하고 본인이 직접 만든 케이크나 달콤한 전통 레바논 과자를 만들어 수업 때마다 가져오기도 했다. 공부만 하는 딱딱한 모임이 아니라 덕분에 화기애애한 분위기 속에서 서로 의사소통하고 문화를 배우는 그런 수업이 되었다. 수업 덕분에 레바논 내에서도 다양한 기후가 있다는 걸 알았다. 북부 산지 고원에는 만년설처럼 온종일 눈으로 쌓인 지역이 있는가 하면, 해안을 마주하고 있는 온화한 지대도 있다. 유네스코(UNESCO)에 지정된 종유석이 주렁주렁 달린 세계적인 동굴도 있다. 문화적으로는 우리나라의 장유유서(長幼有序) 같은 노인 공경 사상도 있고 보통 대가족을 이루어 산다는 사실도 알 수 있었다. 또 레바논 남부지역이 이스라엘과의 전쟁의 무대가 되었기 때문에 남부 사람과 북부 사람 사이에도 성향이 다르고 지역감정도 있다는 것도 알게 되었다.

KLM이 없었다면 단연코 알 수 없었던 레바논에 대한 사실과 지식이다. 현지인을 만나고 이야기를 나누며 의사소통을 하는 과정에서 서로를 잘 알게 되고 이해하게 된다. 우리나라 동명부대가 레바논 해외파병 지역에서 훌륭하게 임무를 완수하고 현지인을 배려하는 활동을 하므로 이런 서포터즈 단체가 저절로 생겼을 것이다. 반대로 현지 서포터즈를 실망하게 하지 않고 끈끈한 관계를 잘 유지하기 위해서라도 계속 바뀌는 동명부대원이 더욱 잘해나가야 한다는 다짐을 하게 된다. 동명부대와 KLM이 서로 선순환을 만들고 있다.

요즘은 레바논에도 K팝(K-pop)과 K드라마(K-drama)가 인기다. 특히 방탄소년단의 인기는 전 세계적으로 뜨거운데, 레바논도 예외는 아니다. K-drama뿐 아니라 우리나라 영화의 인기도 엄청나며 의료 분야에서도 중동에 의료 한류 바람이 불고 있다. 중동의 VIP 환자가 한국을 방문해 치료를 받는 일이 점차 늘어나고 있다. 쿠웨이트 왕실을 치료하기도 한다. 또 실제로 아랍에미리트 두바이에 있는 셰이크 칼리파 전문 병원을 우리나라 서울대병원이 운영하며 한국 의료를 전파하고 있다. 베이루트와 두바이에 있는 현지 병원과 한국형 병원정보시스템 수출계약을 맺어 우리나라의 우수한 의료기술과 서비스를 수출하고 있기도 하다. 중동 의사와 한국 의사가 서로의 나라로 연수 경험을 쌓기도 한다. 아부다비에서는 한국 의료인의 면허 인정을 더 나은 방향으로 승격하는 방향을 추진했고 결국은 한국 의사면허를 본국에서 인정하기로 했다. 이처럼 의료분야에서도 한국 의료의 우수성이 중동에 널리 퍼지고 있다.

K팝(K-pop), K드라마(K-drama), 우리나라 영화와 같은 한국문화에 대한 세계적인 관심이 어느 때보다도 뜨거운 시점이다. 동명부대가 한국 문화를 전파하고 알리는 데 일조를 하고 있지만 어디까지나 역할이 한정적일 수밖에 없다. 자랑스러운 우리 문화가 세계로 뻗어나가고 있는 이 시점에서 국가적인 제도와 정비와 체계를 더욱 잘 갖출 필요성이 있다. 이를테면 세계 주요 도시에 한국 문화원을 더 개설한다든지, 이미 있는 한국 문화원에 예산을 더 배분하고 인력을 확충하며 좋은 프로그램을 개발하거나 활동을 늘리는 것 같은 방안이 필요하다고 생각한다.

실제로 중동지역의 다른 나라에서는 한국문화를 알고자 열망하는 현지인이 많은데, 한국어로 된 책을 거의 찾아보기 힘들다고 한다. 한국 문화원, 한국어학과가 있는 대학교의 도서관 정도만 한글로 된 책을 찾아볼 수 있고 이외의 지역과 기관에서는 찾아보기가 힘들다고 한다. 책 또한 한류의 확산에 기여할 수 있다. 우리나라를 소개할 수 있는 여행 가이드북 같은 책이나 한국 문화를 알고 싶어 하는 사람을 위해 한국 고유의 문화를 느낄 수 있게 만드는 책이 세계 곳곳에 있으면 얼마나 좋을까 하는 생각이 들었다.

chapter 3

레바논,
생활은
계속된다

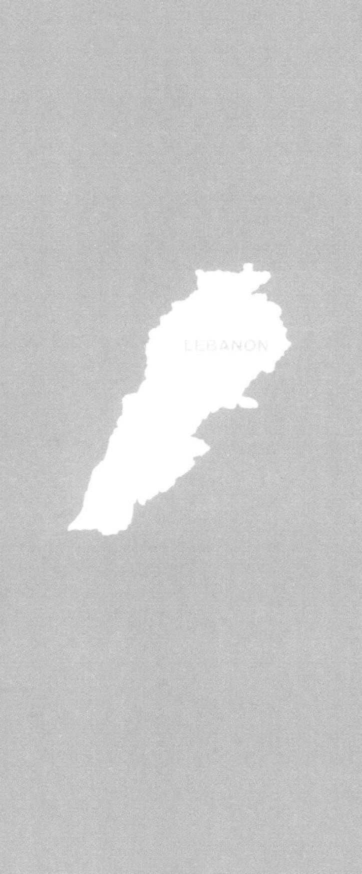
LEBANON

직접 체험한 레바논 현지 상황 1

레바논 기후와 아름다운 풍경

중동의 여러 나라 중에서도 레바논은 온화한 지중해성 기후 속에서 다채로운 자연을 간직하고 있다. 레바논의 날씨 패턴은 우리나라처럼 봄, 여름, 가을, 겨울이 뚜렷하지 않다. 실제로는 비가 주로 내리는 우기, 비가 잘 내리지 않는 건기의 두 가지 날씨 패턴이다. 우기 기간이 11월부터 이듬해 3월 정도까지이므로 겨울에 해당하고, 나머지 건기 기간은 4월부터 10월 정도까지가 된다. 11월부터 이듬해 3월까지는 최저 기온이 약 영상 8℃, 최고기온은 약 영상 15℃ 정도다. 영하로 떨어지지는 않지만, 겨울철에는 한 번씩 비가 오기 때문에 서늘하고 쌀쌀하다. 4~6월은 최저 15℃ 최고 30℃ 정도인데 4월 이후로는 거의 비가 오지 않는다. 7~10월은 최저 20℃ 최고

40℃ 정도다. 더워서 밤에 에어컨을 틀고 자야 수면에 지장이 없다.

나는 12월부터 이듬해 8월까지 레바논에서 지냈기 때문에 비교적 건기와 우기의 날씨를 다 경험한 셈이다. 여기는 비가 한번 오면 1시간 가량 열대 소나기 형태인 스콜(Squall) 형태로 내리고 이후 소강상태에 접어든다. 이 패턴을 반복하는 식으로 비가 내린다. 나는 스콜 형태로 내리는 비가 굉장히 신기했다. 우리나라에서는 보통 비가 내리면 온종일 흐리고 어둑어둑하다. 그러나 레바논은 우기에도 하루 내내 비가 오는 경우는 거의 없다. 예를 들면 오전 한두 시간 잠깐 비가 내리다가 점심 이후부터는 쨍쨍한 햇볕과 파란 하늘을 금방 만날 수 있다. 오후에 비가 오더라도 오전 시간은 비가 내릴 거라고는 예상할 수 없을 정도로 날씨가 맑다. 간혹 온종일 비가 내리더라도 비가 내리는 사이사이에는 강렬한 햇살과 맑은 하늘을 볼 수 있는 시간이 있다. 레바논의 날씨처럼 비가 내리는 날에도 따사로운 햇살과 깨끗한 하늘을 경험할 수 있는 날씨가 좋아졌다. 간혹 바깥에 널어놓은 빨래가 내리는 비에 홀딱 젖기도 했지만, 이윽고 나타난 햇살이 금방 건조해줘서 큰 문제는 없었다. 다른 사람은 이런 경우에 또 빨래하는 것 같았는데 나는 그냥 다시 빨래하지 않고 그냥 비 맞은 후 자연 건조된 옷을 입고 지냈다.

부대 내에서 바깥을 둘러보면 녹색의 향연이 펼쳐진다. 부대 내에서 높은 곳에 올라가 보면 자연은 더 푸르다. 동명부대 바로 주변에는 언제나 초록빛의 오렌지 나무숲이 우리를 반긴다. 또 야자수같이 생긴 대추야자 나무도 부대 주위에 많이 있는데, 이는 전형적인 열대 나무다. 어디서나 초록빛의 푸르른 나무를 볼 수 있어 기분이 좋았다. 도시 생활만 하다가 이렇게 보니 싱그럽다는 표현이 딱 알맞다. 멀리 보이는 푸르른 지중해는 속을 뻥 뚫어준다. 햇빛에 반사되어 오히려 황금빛이 도는 푸른 지중해는 보기만 해도 평온했다.

5월이 되자 찜통더위다. 한국처럼 습하지는 않아서 기분 나쁜 더위는 아닌데 햇볕 자체가 따갑다. 따가운 햇볕과 강렬한 태양 빛을 막아주는 선글라스는 필수다. 우리나라도 더위로 고생하는 건 마찬가지인데, 레바논 중동의 더위도 절대로 약하지는 않았다.

해질녘 하늘을 바라볼 수 있는 건 행운이자 행복이다. 서울에서는 고층 건물에 막혀서 노을 지는 하늘을 보기 어렵다. 특히 동명부대 서쪽 끝에 보이는 지중해로 숨어 들어가는 해를 보고 있노라면 말할 수 없는 경이로움을 느꼈다. 수평선에 맞닿은 곳은 짙은 빨간색이고 점차 하늘로 올라갈수록 주황색, 오렌지색, 노란색, 녹색, 하늘색, 파란색, 짙은 파란색 등 온갖 무지개색이 다 나타난다. 그런가 하면 뭉게뭉게 피어있는 구름은 어떤가! 조각조각 떠다니는 구름의 모습은 한 폭의 수채화다.

자연의 경이로움과 위대함 앞에 숨이 멎는다. 매일 이런 이벤트가 벌어지고 있었음에도 불구하고 실제로 자세하게 경험한 건 내 인생에서 거의 처음이었다. 지중해 북카페라는 이름은 괜한 게 아니다. 2층에 앉아 지중해를 바라보고 있자면 짙은 해무에 가린 해의 장엄함을 볼 수 있었는데, 무엇과도 바꿀 수 없는 행복이었다. 우리는 종종 "해 보러 갈래?"라는 말로 석양을 바라보며 이런저런 이야기를 나누곤 했다. 고대 사람들이 자연의 장엄함을 느끼고 이를 주제로 삼아 시를 읊고 글을 쓰는 게 당연하게 느껴질 정도였다. 서울에 있으면 일부러 시간 내서 서쪽으로 가야 볼 수 있었을 장관을, 매일 레바논 동명부대 내에서 볼 수 있었음에 감사하다. 소소한 행복을 느낄 수 있는 귀중하고 소중한 시간이었다. 글로 표현하는 게 그 느낌을 충분히 전하지 못해서 안타까울 따름이다. 야자수 같은 푸르른 나무와 그 뒤로 넘실거리는 지중해, 뉘엿뉘엿 넘어가는 태양과 산란하는 입자로 시시각각 다른 색의 옷을 입는 하늘. 모든 것이 완벽한 대자연의 모습이다.

쓰레기를 처리하는 방법

이렇게 아름답고 완벽한 자연환경을 가졌지만, 레바논에서는 쓰레기 분리수거를 하지 않는다. 말하기 조심스럽지만 아마 분리수거를 해야 한다는 인식이 부족한 것 같다. 만약 분리수거에 대한 인식이 충분하더라도 분리수거 한 쓰레기를 재활용할 수 없는 여건이라서 어쩔 수 없이 분리수거를 못 하고 거라면 더 안타깝다. 어찌 됐건 레바논에서 쓰레기는 그냥 모두 쓰레기다. 음식물, 일반 쓰레기, 재활용이 가능한 쓰레기를 모두 커다란 비닐 한곳에 버린다. 무조건 같이 버린다. 재활용이 가능한 쓰레기도 같이 버려지니 그만큼 자원이 아깝다는 생각도 든다.

모든 종류의 쓰레기를 한꺼번에 버리는 시스템은 정말 편하다. 굳이 구분해서 버리지 않아도 되기 때문이다. 특히 식사 후 쓰레기를 정리할 때는 정말 편하다. 먹다 남은 음식물 쓰레기, 닭 뼈, 일회용 접시, 음료 캔 같은 걸 그냥 바로 한 곳에 버린다. 버리는 사람은 편하지만, 쓰레기를 수거해 가는 사람은 얼마나 힘들까 싶다. 쓰레기를 담은 비닐은 그야말로 악취투성이다. 작은 날벌레, 파리, 구더기 같은 생명체도 자연스럽게 발생한다. 쓰레기를 담는 비닐을 묶어 즉시 내다 버리면 낫지만, 쓰레기를 더 버리도록 비닐을 열어놓은 채 시간을 두면 그 괴로움은 말로 다 못 한다.

부대의 경계인 철조망 바로 바깥쪽에는 쓰레기 매립지가 있다. 쓰레기를 매립하면 악취가 매우 심하다. 불쾌하고 기분 나쁜 냄새가 코끝을 찌르고 덩달아 예민해진다. 이 때문에 부대 내 야외 체육활동에 어려움을 겪을 정도였다. 풋살, 테니스, 달리기, 걷기 등의 운동도 하기 싫어진다. 게다가 쓰레기 매립지의 위치는 동명부대 내에서도 의무대가 있는 쪽 방향이다. 명확하게 연구된 바가 있는지 모르겠지만 건강에도 악영향을 미칠 수 있겠다는 착각이 들 정도였다. 우리는 바람에 실려 온 쓰레기 냄새가 느껴질 때마다 '지중해풍 쓰레기 냄새'라고 불렀다. 안 그래도 타국에서 생활하는 답답한 파병생활에서 쓰레기 냄새마저 우리를 괴롭히니 스트레스 지수가 높아질 수밖에 없다.

단장님께 건의 드렸고 티르(Tyre)시와 토의를 했다. 가능하면 쓰레기 매립지 위치를 옮기는 방안, 쓰레기 매립지에 건축구조물을 세워 쓰레기 냄새가 건물 안에서 정화될 수 있도록 하는 방안, 쓰레기를 매립할 때 냄새를 중화시켜주는 약품을 사용하는 방안 등을 건의했다. 다만 여러 한계로 인해 쓰레기를 매립하는 시간을 새벽 시간으로 바꾸기로 결정됐다. 당장 실시할 수 있는 현실적인 방안이었다. 밤 11시에서 새벽 6시 정도 사이에 쓰레기가 매립되었다. 매립 시간을 바꾸니 비교적 쾌적한 환경에서 지낼 수 있게 되었다.

인간이 생활하고 활동하면서 만들어 낸 부산물이 쓰레기다. 토양이 썩고 바다가 오염되며 공기가 탁해진다. 아름다운 자연환경이 오염된다. 인간의 편리함을 위해 이용되고 남겨진 쓰레기가 도리어 인간을 위협하고 있다. 우리는 모두 반성해야 한다.

미세먼지 없는 청청한 날씨

레바논에는 미세먼지가 없다. 지중해에서 불어오는 바닷바람과 따사로운 햇살이 눈부신, 화창한 날씨만 있을 뿐이다. 레바논 파병 동안 고국에 계신 부모님과 다른 사람은 미세먼지로 고생을 많이 했다고 한다. 레바논 파병 종료 후에 나도 진료 보면서 느낀 점이지만, 미세먼지나 초미세먼지 농도가 높은 날이 계속할수록 호흡기 질환을 호소하며 병원에 찾아오는 환자가 늘어난다. 특히 기저 폐 질환, 심장질환 등을 가지고 있는 사람에게 미세먼지는 치명적이다. 또 미세먼지로 인해 햇볕을 많이 쬘 수 있는 날이 적다는 것도 문제다. 햇볕을 충분하게 받지 못하면 자외선을 받지 못해서 비타민D의 합성이 원활해지지 않는다. 비타민D는 뼈 건강에 중요하다. 또 면역력을 높이는 효과도 있고 심지어는 암의 발생을 낮추기도 한다는 연구도 보고되고 있다. 미세먼지로 인해 햇볕을 못 쬐는 것이 신체 건강에도 나쁜 영향을 미친다. 고국에서는 미세먼지에 우리 국민이 고생했지만 나는 다행히도 레바논이라는 해외파병지에서 좋은 날씨에 잘 지낼 수 있었던 사실만으로도 감사함을 느낀다.

전 세계 기후와 대기오염이 예전 같지 않다. 우리나라도 예외는 아니다. 지구온난화와 그에 따른 이상기후가 점차 인간의 삶의 행태를 바꿔놓고 있다. 앞서 말한 쓰레기 문제와 더불어 기상이변 같은 자연 파괴의 모습이 곧 우리의 생명을 위협할 것이다. 나부터라는 마음으로 우리 개개인이 환경을 사랑하고 아꼈으면 한다. 당장 오늘 내가 겪는 불편함이 미래 세대에게는 건강한 삶이 될 수 있음을 생각하고 작은 것부터라도 환경을 보호할 수 있는 활동을 해보면 어떨까 생각한다.

레바논에서 듣는 이국적인 소리

동명부대 내에 지내면 멀리서 아랍어로 뭔가를 암송하는 말이 들린다. 다행히 아주 시끄럽지 않고 소리가 들리는 시간이 길지 않아 생활하는 데는 지장이 없다. 새벽녘, 점심경, 저녁 등 하루 5차례 정도 들리는데 정확한 정체를 몰랐다. 도보정찰 중에 세워져 있는 스피커로 그 소리를 가까이서 들을 수 있었다. 바로 아잔(Azan)이다.

아잔(Azan)은 이슬람교에서 예배 시간이 되었음을 알리는 방법이다. 이국땅에서 처음 듣는 뜻 모를 낯선 암송 소리가 처음에는 어색하고 이상하게 들린다. 아랍 국가에서 오래 살다 온 아랍어 통역병 말에 따르면 자꾸 반복해서 듣다 보면 적응하고 오히려 마음이 편안해진다고 했다. 듣다 보니 거슬리지는 않게 되었지만 그렇다고 쉽게 편안해지지도 않았다. 다만 아잔을 듣고 있으면 이곳이 이슬람을 믿는 국가라는 생각이 들면서 흔히 생각하는 아라비안나이트의 신비로운 중동 느낌이 들었다.

이슬람 문화권인 레바논에서는 모스크(Mosque, 예배당)도 볼 수 있다. 우리도 현지 의료지원 민군작전을 나가는 마을 중 어떤 마을은 관청 바로 옆에 모스크와 미너렛(Minaret, 첨탑)이 있는 걸 본 적이 있다. 무슬림에게는 신성한 장소로 이곳을 배경으로 함부로 사진을 찍으면 안 된다는 교육을 받기도 할 만큼 이슬람 문화에서는 중요하다. 실제로 아잔을 듣고 모스크와 미너렛을 보니 내가 새삼 이슬람 문화권에 있다는 생각이 들었다.

레바논 주민은 폭죽을 좋아하는 것 같다. 레바논 모든 사람이 좋아하는지는 모르겠지만 적어도 부대 주변 주민은 좋아하는 것이 확실하다. 부대를 둘러싸고 있는 산책로를 밤에 걷다 보면 저 멀리 마을에서 폭죽을 쏘아 올리는 걸 심심치 않게 볼 수 있다. 적어도 주 1회 이상은 보인다. 우리나라에서 열리는 여의도 불꽃 축제나 광안리 불꽃 축제의 규모는 아니지만, 꽤 큰 폭죽이 한 번에 여러 차례 터진다. 진 전개 초반에는 뭔가 팍팍 터지기에 총격전이 아닌가 하는 생각도 들었다. 실제로도 근처의 시돈(Sidon) 지역이나 다른 지역에서는 무장한 테러리스트의 총격전이 벌어져 사상자가 발생하곤 한다. 다행히 동명부대가 작전을 펼치고 있는 지역 내에서는 큰 총격전은 없었기에 안전하게 생활한다지만, 어쩐지 뭔가 터지거나 발사되는 소리에 겁나는 건 당연하다. 지휘통제실에서도 이런 상황을 즉각 확인하고 혹시나 모를 테러에 대비한다.

운이 좋은 날에는 북카페 2층 열린 공간에 앉아 지중해로 넘어가는 태양을 보면서 어둑어둑해지면 폭죽놀이를 볼 수 있다. 형형색색 터지는 공짜 불꽃놀이를 보면서 나도 불꽃처럼 높이 하늘로 날아 올라가고 싶다고 생각했다. 멀리멀리 날아가다 “펵”하고 터지는 불꽃이 나보다 더 자유롭다는 생각에 얼른 해외파병 생활을 마치고 여기저기 다녀보고 싶은 소소한 행복을 되찾고 싶었다. 동명부대에서도 안전이 확보되고 예산이 뒷받침된다면 안전하게 폭죽을 날리며 자유를 느껴볼 수 있는 시간을 가졌으면 해봤다.

레바논의 음식

레바논에서 지냈다고 하면 흔히들 묻는 이야기는 레바논 음식은 어땠냐는 것이다. 그러나 우리는 동명부대 울타리 내에서 삼시 세끼를 해결했기에, 부대 내에서 나오는 한식을 마음껏 먹을 수 있었다.

해외파병 부대, 즉 군부대니까 당연히 식사는 한식으로 나온다. 불고기, 제육볶음, 떡볶이, 깻잎, 곰탕, 감자탕, 육개장, 미역국, 김치 등의 한식 반찬이 잘 나왔다. 한국에서 먹는 것과 크게 다르지 않은 식단이었기에 먹는 것으로만 생각해보자면 전혀 외국에 나와 있다는 생각이 들지 않을 정도였다. 설날에는 떡만둣국이 나오고 중복에는 점심으로 삼계탕이 나올 정도로 식사는 잘 나온다. 여름에는 시원한 오이냉국이 나오기도 했는데 새큼하면서도 달달한 게 여름철 시원하게 먹을 수 있는 별미였다. 해외파병 말기에는 그동안 보관해 뒀던 깻잎무침이 많이 나왔다. 단연 인기가 많았는데 급양관님께 물어보니 해외파병 말기쯤 입맛이 질리기 때문에 깻잎 같은 음식 재료는 후반에 내놓으면 입맛을 더 살릴 수 있다는 이야기를 들었다. 한식이 우리 입맛에 맞기 때문에 좋기도 했지만, 실력 있고 능력 있는 조리병과 급양관님이 만들어내는 솜씨가 여간 훌륭한 게 아니었기 때문에 더 맛있게 먹을 수 있었다,

한식 이외에도 아침에는 근처 지역에서 사 오는 여러 종류의 빵이 기다리고 있다. 시리얼도 있고 심지어는 과일도 준비되어 있다. 이는 한국의 일반부대에서는 흔히 볼 수 있는 풍경은 아니다. 아침마다 신선한 빵을 구매해 보급받기 때문에 상당히 맛있다. 우유도 UN에서 보급받는 우유와 부대 구매비로 구매하는 우유가 있어 충분하다.

동명부대에 와서 한 가지 놀란 점은 바로 부대밖에 있는 현지 음

식점의 음식을 배달 시켜 먹을 수 있다는 점이다. 물론 부대에서 약간 떨어진 거리에 현지 음식점이 있지만, 흔히 아는 피자헛, KFC 같은 음식점도 있다. 현지 이탈리안 레스토랑에서 햄버거, 파스타를 시켜 먹기도 한다. 또 초밥, 롤을 전문으로 하는 음식점도 있고 우리나라 전기구이 통닭집 같은 현지 식당에서 배달오기도 한다. 자주 시켜 먹는 건 아니었지만 한 번씩 시켜 먹으면 기분이 스르르 좋아진다. 또 뒤에 말하겠지만, 부대 내 정규 식사나 음식을 배달시켜 먹는 것 말고도 물자구매 기회를 통해 음식을 각자 만들어 먹는 경우도 정말 많다. 간단한 조리도구를 이용해서 뭔가 음식을 만들어 먹는 것을 막지 않는다. 간혹 입맛이 없거나 새로운 음식을 먹어보고 싶을 땐 음식 재료를 구매해서 한 번씩 직접 요리를 해 먹으며 지냈다.

해외파병 생활에서 느낄 수 있는 작지만 중요한 행복은 바로 먹는 음식에서 나오기도 한다. 부대 급양관이나 조리병이 정말 음식을 잘 만들고 맛있게 만들지만 일주일마다 비슷하게 돌아오는 메뉴에 점차 입맛이 조금씩 질려가는 것은 어쩔 수 없다. 분명 한국에서도 비슷한 메뉴를 돌아가며 며칠 간격으로 먹지만 크게 질린다는 느낌을 받은 적은 없었는데 이상하게 해외파병지에서는 맛있는 음식도 서서히 질린다. 아마도 갇힌 공간에서만 지내야 하는 알 수 없는 압박감이 음식의 맛을 그렇게 만들었는지도 모르겠다. 동명부대에서 먹거리에 대해서 큰 제한을 두지 않고, 자율적으로 뭔가를 시켜 먹거나 만들어 먹을 수 있게 허용한 것은 좋은 복지 정책이라고 생각한다.

레바논 음식을 많이 접하고 먹어볼 수 있었다면 좋았을 것 같다. 실제로 레바논 전통음식을 먹어볼 기회는 거의 없었다. 코브즈(Khobz)라고 불리는 통밀로 만드는 동그란 빵 같은 간단한 레바논 음식과 병아리콩을 곱게 갈아 올리브 오일을 올린 음식인 후무스(Hummus) 같은 중동 음식을 레바논 하우스나 UNIFIL 사령부 내에 있는 식당에서 먹어볼 수 있었지만, 현지 마을에 나가서 식당에 앉아 레바논 전통음식을 먹어본다는 것은 그야말로 어려운 일이었다. 해외파병지에 가서 무려 8개월을 넘는 시간을 보냈지만 현지 음식을 거의 먹어보지 못하고 돌아온 건 정말 아쉬운 일이 아닐 수 없다. 그 나라의 언어로 소통하는 일과 더불어 음식을 맛보고 즐긴다는 것이야말로 문화를 이해하고 사람을 알 수 있는 일이라고 생각한다. 물론 우리 입맛에 맞는 맛있는 한식을 먹으며 지낼 수 있었던 것도 정말 행복한 일임은 분명하지만, 적어도 현지 음식을 접할 수 있는 기회가 없었다는 것은 서글픈 일이었다. 다양한 현지 음식 경험이 허용되었으면 좋겠다고 생각해본다.

그래도 낯선 땅 레바논에서 한식을 마음껏 먹을 수 있어 행복하고 힘이 났다. 적어도 우리 몸에 맞는 한식을 먹고 음식에 대해서 고생하지 않고 무사히 8개월간의 레바논 파병 생활을 할 수 있어서 감사하다.

레바논의 교통

레바논 교통은 위험하다. 레바논 전역의 교통이 다 위험하다고 말할 순 없겠다. 수도인 베이루트는 차선도 명확하고 신호등도 다 있다고 들었고, 실제로 내가 그곳의 교통을 경험해 보지 못했기 때문이다. 그렇지만 적어도 동명부대가 있는 레바논 남부 티르(Tyre)지역의 교통상황은 위험한 편이라고 말할 수 있다. 쉽게 말하자면, 무

질서가 바로 질서가 되는 그런 교통 환경이다.

우선 신호등이 없는 건 기본이다. 거리에는 방향과 목적지를 알려주는 도로 교통 표지판도 없는 곳이 수두룩하다. 교통 표지판이 있어야 할 도로 같은데, 이리저리 둘러봐도 표지판이 없는 경우는 다반사다. 차선이 아예 없는 곳도 있다. 차선이 있다고 하더라도 지워지거나 색이 바래 잘 보이지 않는 곳도 쉽게 발견할 수 있다. 포장도로 관리가 어떻게 되고 있는지는 모르지만 도로가 움푹 팬 포트홀(Pot hole)도 곳곳에 많다. 포트홀은 도로가 파손돼 냄비(Pot)처럼 구멍이 파여 있다고 해서 붙여진 이름이다. 깊게 팬 포트홀로 차량이 지나가면 자칫하면 타이어가 찢어질 수 있기 때문에 운전할 때 항상 주의가 필요하다.

도로망과 교통 체계도 문제지만 차량 자체도 문제다. 좋게 말하면 올드카, 클래식카가 많다. 마니아들 사이에서 관리를 잘 받아 보존이 잘되어, 그 가치가 천정부지로 올라가는 그런 올드카의 개념이 아니다. 추측이지만 차를 구매할 여력이 충분치 않은 사람이 다수라 어쩔 수 없이 타고 다녀야 하는 오래된 차를 말한다.

90년대에 주로 팔렸던 벤츠 모델 E230 91년식 차량이 아직도 많이 도로를 누빈다. 이외에도 족히 20~30년 정도는 됐을 법한 연식의 차량이 거리에 절반 이상을 차지한다. 당연히 차량 창문을 내리는 방법은 수동이다. 차량 창문을 내릴 때는 차 문 안쪽에 달린 유리기어 레버를 잡고 돌려서 내린다. 창문을 올릴 때도 마찬가지다. 레바논 도로 위를 다니다 보면 차를 타고 있는 사람이 몸을 들썩들썩하면서 낑낑거리며 창문을 내리고 올리는 광경을 종종 목격한다.

너무 오래된 차가 도로에 버젓이 다니기에, 차량 관리를 도대체 어떻게 잘하고 다니는지 궁금해서 이를 확인해 본 부대원이 있다고 한다. 들은 얘기로는 차량 보닛(Bonnet)을 열어봤더니 세상에나! 안쪽에는 엔진밖에 없었다고 한다. 에어컨이나 라디오 같은 부속 장치를 위한 기계도 전혀 없었다고 한다. 워셔액은 물론이고 부동액을 넣는 곳도 없었다. 이곳 겨울은 춥지 않으니 부동액이 필요 없기 때문이다! 정말 엔진 달랑 하나로만 운행하고 다른 장치가 필요 없으니 말 그대로 굴러다니는 데는 전혀 지장이 없다. 엔진 이외에 부수적인 장치를 설치하지 않았으니 그 덕분에 자동차 수명도 늘어난 게 아닌가 싶다.

내비게이션과 블랙박스는 상상할 수도 없다. 레바논에도 좋은 수입차는 내비게이션이 기본 옵션으로 장착되어 있겠지만, 대부분 오래된 차를 타고 다니기 때문에 거의 내비게이션은 없다고 봐야 한다. 사실 매일 다니는 길이거나 동네를 다니는 정도면 내비게이션은 없어도 된다. 중요한 건 블랙박스다. 우리나라에서 요즘은 거의 모든 차량에 블랙박스를 달고 다닌다. 블랙박스는 차량이 주행하거나 정차할 때 생기는 모든 일을 촬영하고 저장하기에, 교통사고에서 잘잘못을 가리는 데 매우 유용하다. 더구나 다른 차량이 블랙박스로 도로를 감시하며 달리고 있다고 생각하면, 스스로도 조심해서 운전하고 교통법규를 더욱 잘 지키게 된다. 동명부대 차를 타고 다니며 현지 의료지원 민군작전을 나가다 보니, 어느 순간 우리 부대 차량에 블랙박스가 없는 걸 확인할 수 있었다. 나중에 알게 된 사실이지만, 현지 주민들의 걱정을 덜어주고 보다 친근하게 다가가기 위해서란다. 블랙박스를 달고 다니면 동명부대에 우호적이지 않은 집단이나 세력은 자신을 찍으며 감시하고 다닌다고 생각한다고 한다. 또한 일반 주민들도 카메라로 무언가를 찍고 돌아다니는 것에 대해서는 크게 우호적이진 않다. 실제로 다른 나라 부대가 도로 위에서 사진으로 뭔가를 찍다가 현지 주민이 강력하게 항의하면서 몸싸움이 벌어져 누군가 다치는 일도 있었다.

운전할 때 우리를 보호하기 위한 목적으로 블랙박스를 설치하는 것도 중요하겠지만, 레바논이라는 땅에서 현지인들과 함께 호흡하며 지내기 위해서 블랙박스 없이 다녀야 한다는 건 어쩔 수 없는 선택인가 보다. 결국엔 험난한 교통 환경 속에서 운전병과 운전책임자인 선탑자가 신경을 곤두서고 자기방어를 하면서 운행을 해야 한다.

보통 운전은 운전병이 하고 나는 선탑자로서 차량에 탑승해서 운행하는 일이 많았다. 선탑자는 차량 운행 간의 총 책임자의 역할을 맡는다. 현지 의료지원 민군작전 때, UNIFIL 병원으로 외진을 갈 때, 부대 밖을 나가 업무를 수행하러 갈 때 말이다. 선탑자 역할을 부여받으면 엄청나게 긴장이 된다. 선탑자는 차량 탑승자의 안전과 차량 운행 전 구간의 과정을 책임져야 하기 때문이다. 운전병 옆에 앉아 전후좌우를 살피며 안전하게 차량을 운행할 수 있도록 해야 했다. 다른 차량을 확인하고 도로 사정을 파악해서 혹시 모를 위험요소를 인지하며 알려줘야 한다. 목적지에 무사히 도착하거나 업무를 마치고 복귀하고 나서야 선탑자의 임무가 종료된다. 무사히 별일 없이 운행하고 돌아왔더라도 온몸의 진이 빠진다. 마치 곡예 운전을 운전병과 같이해낸 느낌을 받기 때문이다. 선탑자 자리에 앉는다는 사실 자체가 상당한 스트레스 요인이 되었음은 말할 필요도 없다.

레바논 교통이 위험한 이유 중 하나는 바로 고장 난 차량 때문이다. 앞서 말한 것처럼 단지 오래되고 노후 된 차량이기만 하면 그나마 다행이다. 차량 일부가 고장 나도 크게 개의치 않고 운전하며 다니는 경우가 많다. 고장으로 본인만 불편하면 상관이 없지만, 고장 난 부분이 다른 차량의 운행을 위협하기 때문에 위험하다.

단순히 자동차 칠이 벗겨지고 옆 창문에 금이 가 있는 건 애교다. 범퍼가 찌그러져 있거나 일부가 없는 건 흔하고 앞 범퍼나 뒤 범퍼가 아예 없어서 바퀴가 훤히 드러난 채로 도로를 누비는 차량도 있다. 더 위험한 건 이런 거다. 한쪽 사이드미러가 없고 (심지어는 양쪽이 다 없이 다니는 차량도 있다!) 문짝이 아예 없어서 사람이 앉아 있는 게 다 보이는 차도 있다. 방향지시등이 고장 나거나 깨져있어 역할을 제대로 못 하는 차도 있다. 어쩌다 보니 앞 유리창이 통째로 없이 다니는 운전자와 동행자가 눈을 제대로 뜨지 못한 채 머리를 흩날리며 지나가는 차도 봤다. 아주 고급스러운 오픈카도 앞 유리는 있는데 말이다. 운전자 본인의 안전뿐만 아니라 다른 사람의 안전을 위해서라도 고장 난 부분이 있으면 사소한 것이라도 수리하는 게 좋겠다고 생각했다.

말하기 조심스럽지만, 교통운행자의 인식도 우리나라의 운행자와는 다른 것 같다. 마을 진료를 위해 민군작전을 나가는 약 10~20분간의 짧은 길에서도 레바논 남부의 교통 사정을 충분히 체험할 수 있다. 중앙선을 침범해서 앞지르기하는 건 기본이다. 당연히 불법 앞지르기에 해당한다. 앞지르기뿐만 아니라 도로 폭이 조금이라도 넓은 곳이 있다면 그 틈을 파고 들어가려는 차량도 많다. 우측에 갓길처럼 약간의 틈이 있는 1차선 도로가 왕복 4차선 도로로 변하는 것도 순식간이다. 흡사 서로 먼저 가려는 사람들의 전쟁터 같고 그 속에서 부딪히지 않으려고 곡예 운전을 한다. 과속도 흔하고 불법 유턴은 눈치를 봐가며 후다닥 하기 일쑤다. 꼬리 물기도 흔하다. 다른 차선으로 끼어들거나 다른 길로 들어서려면 눈치가 정말 좋아야 한다. 정 안되면 창문 밖으로 손을 내밀어서 양해를 구해야 한다.

트럭도 아닌데 승용차에 물건을 가득 적재해서 가는 경우도 봤다. 차량이 주저앉은 채로 힘겹게 덜덜거리며 달린다. 그나마 차량 내부에만 물건이 꽉 차 있으면 다행이다. 책장인지 옷장인지, 어쨌든 나무로 된 커다란 수납장을 승용차 지붕에 얹어 이동하는 것도 봤다. 끈이라도 제대로 묶었으면 좋았을 것이다. 그게 아니라 마치 아낙네가 큰 빨랫감을 머리에 이고 다니듯이, 차에 탄 네 명의 사람이 각각 손을 위로 뻗어서 잡고 달리고 있었다. 나는 그게 만화에서나 보는 모습인 줄 알았다. 아직도 잊을 수 없다. 속도를 내지 않고 저속으로 조심스럽게 운행하긴 했지만, 커다란 나무 수납장을 트럭으로 옮기는 게 아니라 승용차로 옮기는 모습은 굉장히 혼란스러웠다.

교통 운전자들의 운전 인식을 형성하는 원인이 무엇 때문인지 모르겠다. 원래 운전을 배우기 시작할 때부터 먼저 형성되는 건지, 아니면 교통 시스템이라는 환경에 맞춰지다 보니 운전 인식이 뒤늦게 형성되는 건지 잘 모르겠다. 원인과 결과를 확인할 수는 없지만, 분명한 사실은 운전자 자체의 내부적 요인과 교통 환경이라는 외부적 요인이 함께 작용해서 운전에 대한 인식을 만들어 낸다는 것이겠다. 새삼 우리나라 같은 훌륭한 교통 시스템이 갖춰진 곳에서 안전운전을 하며 다녔던 사실이 감사하게 느껴졌다.

레바논 교통 사정이 이렇게 열악한 것만은 아니다. 물론 훌륭한 점도 있는데 가장 훌륭한 점은 레바논 사람은 교통경찰의 수신호를 잘 지킨다는 사실이다. 교통량이 많은 시간이나 정말 혼잡한 도로에는 경찰이 직접 나와 수신호를 한다. 아무래도 직접 사람이 통제하는 것이라 잘 지키는 것일 수도 있지만, 정말 이것 하나 만큼은 누가 뭐래도 잘 지킨다. 덕분에 위험하고 교통량이 많은 교차로를 다니다 보면 어김없이 교통경찰이 도로를 통제하고 차량흐름을 관리하는 모습을 볼 수 있다. 교통경찰을 만나는 도로에서는 한결 운전해서 빠져나가기가 수월하고 마음도 편해진다. 다만 아쉬운 건 교통경찰이 아주 큰 도로에만 있고 그마저도 많지 않다는 사실이다.

운전병도 한국에서와 운전하던 스타일이 달라서 초반에는 애를 많이 먹었다. 실제로 가벼운 교통사고가 나기도 했다. 그러나 인간은 적응의 동물이라 했다. 레바논 운전 스타일에 점차 적응하면서 운전병은 운전하기가 편해졌다고 말한다. 나중에는 레바논에서 운전하듯이 우리나라에서 운전한다면 벌금을 엄청 많이 내야 할 것 같다고 우스갯소리를 할 정도로 적응하고 운전에 여유를 느끼게 되었다. 우리나라 교통수단과 교통 시스템 같은 훌륭한 환경이 갖춰진 나라보다 교통 환경이 열악한 나라가 전 세계에 더 많다고 생각한다. 부정적으로 보면 한없이 부정적인 시각을 갖게 된다. 우리나라 운전, 교통을 부정적으로만 보지 말고 주어진 환경에 감사하면서 운전자들이 서로 더욱 양보하며 모범 운전을 할 수 있었으면 좋겠다.

하나 더, 좋은 차보다는 안전한 차를 탈 수 있으면 하는 바람도 있다. 한번은 UNIFIL 사령부 병원에 외진을 갔는데 우리가 운행한 차량 타이어가 펑크 나는 바람에 임시방편으로 비상 타이어를 달아 조심히 운전해서 부대로 복귀했던 기억이 있다. 어떤 차량은 언덕을 잘 못 올라가고 또 어떤 차량은 후진 기어가 고장 나서 부대원이 내려서 모두가 차를 뒤로 밀어야 했다. 아마 한정된 예산 때문에 차량을 쉽게 바꾸거나 새 차로 교환하기 어려우리라 생각한다. 오래된 차량은 동명부대원의 안전을 위협할 수 있는 요소다. 당장은 어렵겠지만, 순차적으로라도 차량이 개선되었으면 한다.

지금까지 레바논의 위험한 교통에 관해 이야기했다. 레바논 현지 사람의 시민의식이 부족한 게 위험한 교통을 유발하는 주된 원인이라는 이야기는 아니다. 레바논 교통체계에 대해서 레바논 사람들이 크게 불편해하지 않거나 큰 문제로 생각하지 않으면 그만일 수 있다. 또 우리나라가 우월한 교통체계를 가지고 있기 때문에 옳은 것이고, 레바논 교통은 저급하고 나쁜 것이라고 말할 수도 없겠다. 다만, 안전을 확보할 수 있는 체계가 더 잘 갖춰진다면 안심하고 운전을 할 수 있지 않을까 하는 생각이 들었다. 사람의 생명은 소중하기에, 편리함을 위해 만든 자동차로 목숨을 잃게 되는 일이 줄어들기를 기대해 본다. 새삼 우리나라 교통 환경에 감사한다.

특별한 기억으로 남은 행사 2

새해 신년결의대회와 설날

대망의 2018년이 다가왔다. 2018년 1월 1일 레바논에서 맞이하는 새해가 비로소 밝았다. 해외파병지에서 맞이하는 새해에 전 부대원이 신년맞이 결의대회를 했다. 동쪽에서 떠오르는 아침 해를 보고 한 해 다짐을 하며 부대원 간의 단합을 유지하자는 간단한 행사였다. 그날 새벽부터 부슬비가 내렸지만 야외에서 진행했다. 단체로 우르르 나가 해가 보이는 동쪽 편 언덕에 빼곡히 모였다. 이윽고 단결 행사가 진행되었다. 부대 차원에서는 낙오하는 사람 없이 본인의 임무를 완수하자는 결의를 낭독했고 스스로에게는 다가오는 2018년을 보람차고 알차게 보내자고 속으로 다짐했다. 비가 살금살금 내리는 흐린 날씨 때문에 비록 떠오르는 장엄한 해를 볼 수 없어서 아쉬움이 컸다. 머나먼 중동 땅에서 새해 다짐을 하는 우리뿐만 아니라 해외에 사는 우리 동포들에게도 무탈한 행복한 한 해가 되었으면 좋겠다고 생각했다.

신년맞이 결의대회가 끝나고 식당에 갔다. 그날의 아침 메뉴는 떡만둣국이었다. 새해에 중동에서 떡만둣국을 먹을 거라고는 생각하지 않았다. 왜냐하면 바로 떡 때문이다. 떡은 우리나라 전통 음식이니까 외국인은 당연히 떡을 만들지 않는다. 해외에서 떡을 구한다는 건 정말로 어려운 일이다. 레바논에 있는 동명부대는 당연히 떡을 레바논 현지에서 구매할 수 없다. 해상물자를 통해 떡을 보급받는 것도 한계가 있다. 그런데 떡이 들어간 만둣국을 먹을 수가 있다. 그렇다면 떡은 어디서 날까?

바로 동명부대 조리실에서 떡을 만든다. 몇 진부터 시작된 건지는 잘 모르겠지만, 떡 만드는 기계를 한국에서 들여왔다고 한다. 이 기계를 이용해서 조리병이 직접 떡을 만들 수 있다. 쫄깃하고 맛있는 떡을 만들어 즉석에서 만들어 내는 것이다. 요즘에는 마트에 가면 떡을 냉동 포장해서 판매하는 상품도 있다. 냉동 떡을 화물로 보내고 받아서 먹을 수도 있겠지만, 아무래도 직접 그 자리에서 만들어 뜨끈한 떡을 바로 먹는 맛과 비교할 수는 없다.

2월이 되자 한민족의 최대 명절 중 하나인 설날이 다가왔다. 동명부대는 설날 맞이 행사를 했다. 연병장 단상에 병풍, 설 차례상을 차려놓고 합동 차례를 지낸 것이다. 사실 설 차례 상을 직접 차려본 적이 없어 맞게 잘 차린 것인지 알 수 없었지만, 멀리서 봐도 그럴듯하게 잘해놓았다. 부서별로 단상에 올라가 절을 하며 설날을 기념했다. 당연히 외국도 새해가 되는 설날 같은 기념일이 존재한다. 설날 같은 기념일을 기념하는 방법이 다를 뿐이다. 어찌 됐건 설날은 우리나라의 명절이므로 오후에는 레바논 현지 주민을 부대로 초청해서 우리나라 명절을 체험할 수 있는 행사를 열었다. 투호, 팽이치기, 연날리기, 윷놀이, 딱지치기 같은 전통 민속놀이를 체험하고 알린다. 레바논 현지 주민만 해보는 게 아니라 동명부대원도 같이 참여한다. 놀이 방법을 알려주기도 하고 소통하면서 서로 친해진다. 설 연휴 간 설날 행사뿐 아니라 부서별 간담회를 진행하고 동명인의 날을 동시에 개최해서 체육대회도 했다. 먼 해외에 나와 있는 해외파병 부대이기에 단합, 화합, 소통의 중요성이 강조되다 보니 각종 행사에 참여할 수 있도록 부대 차원에서 여러 활동을 장려했다. 감사하게 생각하는 부분이다.

그렇지만 설 연휴 간에도 본래 맡은 업무는 24시간 돌아간다. 작전대대는 기동정찰, 고정감시, 도보정찰을 하고 조리병은 식당에서 장병의 식사를 만들어야 하고 의무대는 응급환자 대기 및 진료를 해야 했다. 정보를 수집하는 부서나 다른 분야에 있는 부서도 마찬가지였다. 여러 활동도 해야 하면서 본인에게 주어진 임무도 성실히 하는 부대원이 있기에 설 연휴를 잘 보낼 수 있었다.

서양식의 1월 1일 새해든, 우리나라식의 설날이든 새로운 해를 맞이하며 여러 계획과 목표를 세운다. 일반적으로 공부, 자기계발, 취업, 이직, 연애, 결혼, 자격증 취득, 금연, 금주, 다이어트, 어학 공부, 체중조절, 운동 등 다양한 목표를 설정한다. 나는 다양하고 거창한 계획을 세우기보다 올 한해 주어진 레바논에서 임무를 잘 완수하고 무사히 한국으로 복귀했으면 좋겠다는 소원을 빌었다. 그때 빌었던 소원을 누군가 잘 들어준 것인지는 모르겠지만, 바라는 대로 잘 돼서 무사히 한국으로 복귀할 수 있었고 지금은 한국에서 잘 지내고 있다. 안전하게 임무를 완수하고 무사히 고국의 품으로 복귀할 수 있었던 것처럼, 지금도 해외에서 파병 생활을 하고 있을 파병 부대원도 파병 생활을 훌륭하게 마치고 건강하게 귀국하기를 바라본다. 먼 타지에서 설날의 따스함과 넉넉함을 만끽할 수 있었던 설 연휴를 보낼 수 있어서 감사했던 하루였다.

동명인의 날

동명부대는 매달 '동명인의 날'을 개최하는데, '동명인의 날'은 '동명부대 체육대회'와 '동명부대 문화의 밤'이라는 행사로 구성된다. 통상 매달 마지막 주 금요일에 열린다.

동명부대 체육대회는 말 그대로 함께하는 운동 활동이다. 몇 개의 부서를 모아 한 팀을 만들어 같이 활동하고 경기를 하는 형식이다. 팀별 미션 수행하기, 보물찾기, 티볼 게임, 피구, 미니게임 등 여러 행사와 운동을 시행한다.

동명부대 문화의 밤도 매달 열리는 축제다. 마술쇼, 헬스 보이, 복면 노래자랑, 댄스, 악기연주, 개그 같은 장기자랑을 통해 서로 웃고 떠드는 시간을 갖는다. 장병 가족이 보내는 영상 편지가 나올 때는 모두가 한마음으로 격려하고 자기 가족을 생각한다. 시상식도 빼 놓을 수 없다. 부상으로 과자, 세안제, 데이터 카드같이 생활에 필요한 물품을 받는데, 굉장히 유용하다.

동명부대 체육대회와 동명부대 문화의 밤 행사는 부대원의 사기를 진작시키고 해외파병지에서 발생하는 스트레스를 해소할 수 있는 행사다. 평소 조용하게 생활하고 맡은 업무만 하며 지내다가, 자신의 끼를 활발하게 발산하는 모습이 신선하고 새롭다. 그 사람의 다른 면목을 봤을 때 사람이 달리 보이고 더 친근함을 느낀다.

처음 맞이한 동명부대의 문화의 밤은 레바논에 도착한 지 채 1달이 안 되는 시점에 열렸는데 마침 크리스마스가 있는 주간이라서 크리스마스 축제를 같이하는 무대였다. 각자 준비한 장기자랑을 보여주며 웃고 떠드는 즐거운 시간이었다. 노래, 마술, 피아노 연주, 디제잉 무대 등 여러 공연이 있었고 산타 분장도 빠질 수 없었다. 정말 다들 수준급의 실력이었다. 특히 디제잉 무대는 강렬한 비트와 리듬에 마치 어느 클럽에 와 있는 것 같은 착각을 일으킬 정도였다. 다들 호응도 엄청났다. 나는 공연을 그저 바라보기만 했을 분인데 스트레스가 저절로 풀리는 느낌이었다. 함께 보내는 크리스마스로 마음이 따뜻해지는 소중한 시간이었다.

이역만리에서 응원하는 대한민국

2월에는 '2018 평창 동계 올림픽'이 열렸다. 올림픽 경기는 주로 식당에 설치된 대형 텔레비전으로 함께 시청한다. 대회 초반에는 개막식만 계속 틀어줘서 크게 흥미가 없었는데 시간이 지나면서 여러 올림픽 경기를 볼 수 있게 되자 경기를 재미있게 보는 사람이 늘어났다. 앉아서 방청하는 부대원이나, 잠시 서 있는 상태로 방청하는 부대원이나 서로 한마음 한뜻으로 응원하고 함성을 지른다.

우리나라 선수가 세계무대에서 당당히 메달을 따는 모습을 보며 모두의 마음은 우리나라에 대한 자랑스러움으로 가득 찬다. 설령 메달을 따지 못했다고 하더라도 경기에서 최선을 다한 선수에게 훌륭했다고 손뼉을 치며 응원하는 훈훈한 분위기가 만들어지곤 했다. 외국에 나가면 저절로 애국자가 된다는 말이 있다. 올림픽은 우리 모두를 한데 묶어 강한 유대감을 만들고 애국심을 최고조로 이끄는 매개체였다.

6월에 있었던 '2018 러시아 월드컵'도 마찬가지였다. 2018 평창 동계 올림픽 때와 비슷했다. 오히려 기나긴 해외파병 생활 끝자락이라 그런지 지친 일상에 더욱 활력을 주는 큰 행사였다. 올림픽 경기와 마찬가지로 축구 경기도 부대원의 사기를 높여주고 재미를 느낄 수 있는 좋은 매개체였다. 다들 모여서 응원하고 소리 지르며 축구를 보는 건 정말 재미있는 일이다. 실제로 함께 소리 지르고 응원하면 스트레스도 풀리고 축구 경기도 더 재미있게 느껴진다. 수비를 성공하거나 슈팅을 할 때 박수가 나오기도 하고, 어떤 때는 탄식이 나오기도 한다. 같이 응원하고 같이 본다는 즐거움이 배가 되기 때문에 경기가 훨씬 재미있다.

올림픽이나 월드컵처럼 우리나라 선수가 해외 무대에서 최선을 다해 경기하는 모습을 보며 먼 타국 땅에서 임무를 수행하고 있는 우리와 비슷한 점이 많다고 느껴졌다. 전 세계를 무대로 훌륭한 성적을 거두려고 피땀 흘려 연습하는 선수와 우리가 비슷하다고 감히 말할 순 없지만, 우리나라를 위해 한마음 한뜻으로 최선을 다하고 있는 모습은 다르다고 말할 수는 없을 것 같다. 즐거운 추억을 만들어준 우리나라 선수에게 모두 감사하다. 또 지금 이 시각에도 우리나라를 생각하며 고생하고 있는 해외파병 장병에게도 감사하다는 말을 전하고 싶다. 모두 파이팅!

UN 메달 퍼레이드

레바논 파병 생활이 4개월째를 넘어가면서 동명부대원을 위한 '메달 퍼레이드'가 열렸다. UN은 분쟁지역에서 평화유지를 위해 90일 이상 완전 작전을 수행한 UN 평화유지군 각 부대원에게 UN 메달을 하나씩 모두 수여 한다. 그동안의 노고를 치하하고 앞으로도 더 잘해나가라는 명예로운 메달이다. 이 메달을 수여 하는 큰 행사가 바로 '메달 퍼레이드'다. UN 평화유지군 소속으로서 이 메달을 받는 건 굉장히 영광스러운 일이다.

단순히 메달만 수여하기 위한 행사는 아니다. 물론 메달 수여식이 행사의 일차적인 목적이긴 하지만, 동명부대의 위상을 보여주고 우리나라 군의 우수성을 알릴 수 있으며 우리나라의 문화를 홍보하고 체험할 수 있게 만드는 중요한 자리다. 각종 공연과 이벤트를 열어 모든 사람이 함께 참여하는 하나의 거대한 축제다. 레바논 파병 생활 중, 동명부대에서 여는 가장 큰 행사라고 볼 수 있다.

UNIFIL 총사령관님이 직접 메달을 수여 하는 행사를 시작으로 화려한 태권도 시범과 더불어 절도 있는 특공무술로 우리나라의 기상을 전 세계인 앞에서 보여줬다. 크기가 100 x 70cm 되는 커다란 케이크 커팅식을 하고 11주년 부대 활동 영상을 시청했다. 샴페인 축배를 하며 여러 음식을 뷔페식으로 준비해서 마음껏 식사할 수 있게 했다. 특히 이슬람 문화권 음식문화를 존중하기 위해 음식별 사진, 설명, 재료를 표시했고 할랄 음식과 채식주의자들이 먹을 수 있는 음식인지 확인할 수 있도록 안내했다. 식당은 외국 손님들로 북적였고 12시간 넘게 고생한 조리병의 노고를 한눈에 알아볼 수 있을 정도로 성대하게 준비했다.

어울림 마당으로 여러 가지 행사 부스를 준비해서 축제를 즐길 수 있게 했다. 부스별 주제를 'UNIFIL 근무자와 현지인들이 하나 되어 어울리고, 동시에 동명부대와 한국을 홍보하는 장 '으로 선정했다. 특히 동명 서포터즈(KLM)와 LIU(Lebanese International University) 학생, 재봉 교실 바자회 교사. 학생들이 장병들과 함께 어울려 부스를 운영하고 즐길 수 있는 공간을 마련한 점은 UNIFIL 해외파병국 어느 부대에서도 볼 수 없는 일이었다.

실제로 동명부대 20진 메달 퍼레이드는 정식으로 초청한 인사만 265명이었고 총 450명 정도의 사람이 참석했다. 또 관심도 지대해서 우리나라 국방TV, 국방일보 같은 언론매체뿐만 아니라 현지 매체 7개에 보도가 될 정도다. 동명부대가 레바논 지역사회와 UNIFIL

태권도 공연

내에서 모범적으로 인정받고 있다는 사실이 무척이나 자랑스럽다.

중국대대와의 친선 교류

UNIFIL 소속으로 레바논에서 평화유지활동(PKO)을 하는 중국대대와 친선 교류 활동이 있었다. 친선 교류에 모든 동명부대원이 참여하면 좋겠지만, 본연의 업무도 수행해야 하고 모두가 이동할 수는 없으므로 소수 인원이 방문해서 친선교류를 한다. 2달 전에도 중국대대와 친선 교류 활동이 있었는데 그때는 중국대대 지휘관을 포함한 주요 직위자가 동명부대를 방문했다. 이번에는 동명부대가 중국대대를 방문하게 되었고 나도 친선 교류 활동 참가 명단에 속하게 되었다. 동아시아 국가의 이웃으로 동명부대와 중국대대는 다른 외국부대와는 달리 서로 교류가 꽤 많은 편이다. 당시 우리나라와 중국은 정치적으로 복잡 미묘한 관계에 있었지만, 이번 만남에 그런 문제는 걸림돌이 되지 않았다.

중국대대에 도착하니 중국부대원이 응접 건물에서 환영해 주었다. 이번에 방문한 중국대대가 나에게는 처음으로 방문하는 UNIFIL 소속의 다른 나라 부대였다. 응접을 위한 건물이 따로 있다는 사실이 놀라웠다. 아주 웅장한 건물은 아니더라도 손님을 응접하기 위해 건물 하나를 통째로 쓰고 있다는 사실이 인상 깊었다. 뭐든 큰 걸 좋아하는 중국 스타일인 것처럼 느껴졌기 때문이랄까.

그날은 동명부대, 중국대대 가릴 것 없이 다들 하나 되는 자리였다. 민족이 다르고 문화가 다르고 언어가 다르고 생각이 다른 사람이지만, 마음만은 서로 다르지 않다는 것을 피부로 느낄 수 있었다. 아무래도 다른 서양권 국가였으면 이렇게 공통된 정서에 분위기를 느끼기는 힘들었을 거라 생각한다.

해외파병 생활 중에서도 다른 나라와 교류하며 서로를 잘 이해하며 우정을 확인할 수 있었던 귀중하고 의미 있는 시간이었다. UN 평화유지군으로서 본연의 임무를 충실히 하는 것도 중요하지만, 가능하다면 해외파병 부대원 모두가 한 번쯤은 다른 나라 사람들과 교류하고 웃고 떠드는 시간이 주어졌으면 하는 바람이 들었다.

중국대대 동갑내기 왕커용(Wang Keyong)과 함께

내셔널데이(National day)

내셔널데이(National day)는 UNIFIL 소속의 나라마다 자신의 나라를 홍보하고 알리는 축제의 장이다. 보통 오후 늦은 시간이나 저녁에 시작해서 밤 9~10시경에 끝난다. 축제 행사는 진행하기 나름이지만, 보통은 연병장 한쪽에는 무대를 만들고, 다른 쪽에는 음식 부스를 만든다. 각 나라가 가진 전통 공연을 보여주기도 하고 행사에 참여한 UNIFIL 부대원이 모여 춤을 추기도 하고 함께 친해지는 시간을 갖는다. 음식도 본인 나라의 고유한 음식을 만들어 대접한다.

UNIFIL에 소속된 국가는 41개지만 모든 나라가 내셔널데이를 주최하고 진행하는 건 아니다. 어떤 나라는 10명도 안 되는 인력을 파병하는 나라도 있기 때문이다. 그래도 10개 이상의 나라에서 주관해서 실시하니까 한 달에 1번 이상은 내셔널데이가 있다고 봐야 한다.

다른 나라의 내셔널데이가 있을 때, 동명부대에서도 참석하고 싶은 부대원을 신청받아 참여할 수 있게끔 한다. 특히 진 전개 중반까지는 참석하고 싶은 희망자를 받지 않았다가 해외파병 후반부로 넘어가면서부터 희망자를 접수했는데 인기가 매우 많았다. 갇혀 지내는 생활에 뭔가 새로운 구경거리가 부대 밖에서 생기니 누구나 가서 참여하고 싶은 마음이 솟구치는 건 당연하다. 그렇다고 가고 싶다고 다 신청할 수도 없는 노릇이었다. 누군가는 그 시간에 정해진 업무를 해야 하기 때문이다. 내 경우에는 다른 나라 내셔널데이를 하는 날에 야간 당직 업무가 있다면 가고 싶어도 갈 수가 없었다. 프랑스대대 내셔널데이, 가나대대 내셔널데이 등의 내셔널데이에 가고 싶었지만, 업무 때문에 신청을 못 했다. 그러던 참에 말레이시아대대 내셔널데이에 참여할 수 있었던 건 행운이었다.

서로 각자의 나라를 알리고 홍보하는 자리가 있다는 건 정말 좋은 일이다. 서로 잘 알아가는 과정을 통해 상대방을 알게 되고 이해할 수 있게 되기 때문이다. 인력의 한계로 소수의 동명부대원만 참여하게 된 점은 아쉽지만 어쩔 수 없는 부분이기도 하겠다. 많은 동명부대원이 그때의 분위기와 행사를 직접 볼 수는 없겠지만, 나중에라도 사진이나 동영상을 같이 공유할 수 있다면 좋을 것 같다. 간접적으로도 공유하고 경험해서 소외되는 동명부대원이 없었으면 하는 바람이다.

다른 나라와 연합 훈련

내셔널데이처럼 자국을 홍보하는 행사를 하거나 순수한 친선 교류 목적의 행사 이외에도 훈련이라는 업무 목적의 교류 행사도 있다. 아무리 동명부대 단독으로 임무 수행이 가능하다고 하더라도 UNIFIL 내에서 다른 국가와 함께 연합해서 임무를 수행해야 하는 일이 많기 때문에 임무 수행 능력 배양 목적의 교류도 필요하다.

동명부대는 매달 UNIFIL 소속 해외파병국과 연합훈련을 한다. 외국군과 훈련을 같이 하며 타국의 전술을 이해하고 임무를 효과적으로 수행할 뿐만 아니라 견문을 넓히고 있다. 동명부대와 비교적 가까운 위치에 있는 인접 해외파병국을 중심으로 같이 훈련한다. 동명부대 20진이 실시한 대표적인 훈련이 아일랜드-핀란드대대 연합훈련, 프랑스대대 연합훈련, 말레이시아대대 연합훈련, 이탈리아 연합훈련 등이었다. 보통 연합훈련은 특전사 대대를 대상으로 실시하므로 나는 훈련 세부내용은 모른다. 그러나 군사 전투 훈련 가운데서도 내가 참여한 훈련도 있었다. 상황 조치 능력을 키우기 위한 연합훈련인 컴바인엑스(COMBINE-X) 훈련이다. UNIFIL 부대를 대상으로 한 훈련으로 테러 위협상황을 가정하고 급조폭발물(IED), 테러 첩보 접수, 도보작전간 총격상황, 현지인과 비우호적 행위, 주둔지 테러 상황 조치 등 다양한 상황을 만들어 이에 대처하는 내용이다.

나는 긴급 의무 구조반을 맡았다. 여러 전술 상황이 벌어지는 가운데, 심각한 환자가 발생했다는 상황이 전파됐다. 내 임무는 긴급 의료지원을 나가서 환자를 안전하게 처치하고 후송하는 것이었다. 해외파병 전에도 이런 상황에 대한 교육과 훈련을 받았지만, 막상 실전 같은 상황에 나가려고 하니 긴장했다. 어떤 상황이 어떻게 벌어져 있을지 전혀 예측할 수 없었다. 내 능력을 벗어나는 상황이 아니기를 기도했다.

긴 대기시간 끝에 출동 명령이 떨어졌다. 훈련 상황에 가보니 동명부대와 이탈리아 대대가 연합해서 훈련 중이었다. 도로에 장갑차가 도착해 있었고 그 밖으로는 부대원이 경계를 서며 위험요소를 식별하고 있었다. 내가 탄 앰뷸런스는 엄호하에 본부와 연락을 주고받으며 무사히 환자가 있는 지점을 찾아서 갈 수 있었다.

가보니 오른쪽 다리 총상을 입었다고 가정하고 있는 환자가 도로 주변에 쓰러져 있었다. 상태를 확인하는 게 급선무였다. 호흡, 맥박, 혈압, 체온의 심각한 변화가 있다면 이는 바로 헬기 수송을 요청해야 하는 상황이었다. 다행히 그 정도로 심각한 상황을 가정한 것은 아니었다. 또한 옆에서 같이 임무를 수행하던 전우가 지혈하며 초기 처치를 잘해놓은 상태였다. 안심했다. 피를 흘린 정도를 정확히 알 수는 없었지만 얼른 수액을 연결해서 실혈을 보충하고자 했고 급하게 통증 조절을 위한 주사를 투여했다. 총상 부위에 압박붕대를 감으며 간단한 부목(Splint)을 대며 총상 부위를 고정했고 환자를 안심시켰다. 무선 통신을 사용해서 의무대 본부에 처치 상황을 설명하고, 가장 가까운 총상 치료병원과 연락해서 빠르게 치료를 받는 게 좋겠다는 의견을 전달했다. 이윽고 최종 지침이 내려왔고 후송 허가가 떨어졌다. 엄호를 받으며 앰뷸런스를 타고 환자를 후송하는 일까지 마치면서 훈련 중 내 임무는 끝이 났다. 훈련이 다 끝나고 나서 총평에서 의무대 훈련은 잘했다는 이야기를 들었다. 완벽하지는 않았지만, 실전을 가정한 이런 훈련에서 그래도 침착하고 자신 있게 처치를 하고 후송을 할 수 있었다. 실전으로 이런 상황이 생기면 정말 곤란하겠지만, 부대 내 이런 훈련을 통해 처치 능력을 배양하고 경각심을 가질 수 있었던 것에 대해서 만족한다.

연합 훈련 중 긴급 의무 구조활동

태권도 이야기

태권도는 빼놓을 수 없는 동명부대의 자랑이다. 2007년부터 태권도 교실을 운영해서 레바논에 태권도를 전파하고 있다. 태권도 교실은 지난 10년간 수련생 1,000명 달성이라는 성과를 달성했다. 태권도 교관의 가르침 하에 체계적으로 진행되는 수업과 승단 심사를 통해 태권도를 보다 완벽하게 전수하고 있다.

태권도 교실의 성과는 레바논에서 빛이 난다. 특히 레바논 현지 아이들과 청년에게 태권도는 희망이다. 어렸을 때부터 꾸준히 수련한 태권도로 꿈을 찾고 희망을 발견하기도 한다. 자기 몸을 보호할 수 있는 호신기술을 배우는 것뿐만 아니라 태권도를 통해 바른 마음가짐을 갖고 정신수련을 할 수 있는 방법도 더불어 배우기 때문이다. 미래에 태권도 사범이 되겠다는 꿈을 키우기도 한다. 또한 41개국 UNIFIL 소속의 부대 중에서 자국의 무술을 알리고 전파하는 건 우리나라 동명부대의 태권도가 유일하다.

태권도는 레바논 현지 주민에게 감동을 주고 UNIFIL 해외파병국 부대원에게는 한국군의 우수성을 알릴 수 있기에 없어서는 안 될 소중한 우리의 국기(國技)이다. 지역, 국경, 문화, 종교, 인종 등의 제약을 넘어 우정의 수단이 되는 태권도에 더 많은 관심이 필요한 때다. 동명부대, 국방부, 합동참모본부뿐만 아니라 우리나라 정부 차원에서도 태권도에 좀 더 많은 투자와 지원을 할 수 있다면 더 많은 결실을 거둘 수 있지 않을까 생각해 본다.

함께 만드는 부대 생활 3

동아리 활동

동명부대원이 되는 순간부터 반드시 참여해야 하는 활동이 있다. 바로 동아리다. 국제평화지원단에 입소할 때부터 동아리 활동을 시작한다. 매주 토요일에 시행하는 동아리를 통해 부대원끼리 친목을 도모하고, 활동하며 뭔가를 이루어내고, 해외파병 임무 간에 받는 스트레스를 해소할 수 있기 때문이다. 부대 차원에서 모두 1개의 동아리 이상에 가입해서 활동할 것을 강조한다. 무조건 동아리를 가입해야 한다고 들었을 때, 오히려 동아리 활동을 강제하는 게 스트레스가 되지 않을까 하는 생각이 들었다. 사람마다 성격과 성향이 다르기 때문이다. 어떤 사람은 사람들과 함께 어울리는 상황에서 더 큰 즐거움을 느끼기도 하고, 반대로 어떤 사람은 혼자 조용히 시간을 가지는 게 더 잘 맞는다. 개인의 성향이 다를지라도 해외파병지에서는 단합이 무엇보다 중요하기에 동명부대는 동아리 활동을 적극적으로 장려한다. 전원이 하고 싶은 동아리를 신청해서 활동해야 했다.

동아리 종류는 다양했다. 풋살, 야구, 농구, 족구, 테니스, 배드민턴, 헬스, 태권도, 통기타, 음악, 외국어, 영화, 캘리그래피, CCM, 드론 등의 동아리가 있다. 동아리는 만들기 나름이었다. 만약 누군가 스페인어를 잘해서 스페인어를 가르치겠다고 하면 동아리를 개설할 수 있었다. 실제로 중국어를 알려줄 수 있는 부대원이 있어서 중국어 동아리를 만들었다. 이 동아리를 통해 열심히 배운 부대원이 귀국 후 중국어 자격증 시험을 보는 경우도 있었다.

나도 통역병이 주축이 되어 진행하는 영어 동아리에 참여했는데, 초반에는 열의가 있었지만 몇 달 지나자 지치고 힘들어 중도에 포기하게 되었다. 그때 꾸준히 했으면 어땠을까 하는 아쉬움이 지금도 있다. 억지로 본인의 시간을 내서 알려주려는 통역병이나, 그걸 배우는 우리나, 서로 시간과 열정을 쏟아붓는 데에도 한계가 있었다.

동아리 활동이 지속할 수 있도록 소규모 운영이 도움이 될 것 같다는 생각이 든다. 소규모의 인원이 서로 계속 마주치며 끈끈하게 신뢰를 쌓아간다면 동아리 활동이 지속 할 수 있다. 아무래도 가장 중요한 건 동아리에 참여하는 부대원의 생각과 열정이다. 각자가 재미를 느끼고 뭔가를 이루고 싶다는 열망과 꿈이 있어야 잘 유지될 수 있으리라 생각한다.

종교 활동

종교 활동도 빠질 수 없다. 동명부대에서 믿을 수 있는 종교는 기독교, 천주교, 불교의 세 가지 종교다. 물론 컨테이너 건물로 이루어져 있지만, 교회, 성당, 불당이 다 갖추어져 있다. 종교에 구분 없이 종교행사 및 종교 활동을 장려한다. 특히 20진에서는 종교 활동 우수자에게 매회 쿠폰을 줘서 나중에 물건을 교환할 수 있도록 하는 동명 마켓 행사인 '달란트 시장'이 인기였다. 종교 활동에 열심히 참여할 때마다 쿠폰 개념인 달란트를 받는데, 이 달란트로 바자회 같은 동명 마켓을 열어 물건을 살 수 있게 해 주는 시장이다.

부대 차원에서 종교 활동을 통해 마음의 안정이 생기고 개인의 인격 수양에도 도움이 될 수 있도록 하는 건 바람직하다. 더 좋았던 건 종교의 자유를 인정하고 강요하지 않았다는 것이다. 나는 종교가 없다. 일반적으로 군에서는 종교가 없는 사람에게도 종교 행사 참석을 강요하는 경우가 많다. 아직도 생각나는 건 군의관으로 임관하기 위해 입소한 훈련소에서 일요일마다 종교 활동을 강제한 일이다. 종교가 없는 나로서는 참석하는 자리가 여간 곤욕스럽게 느껴진 게 아니었다. 기왕 이 기회에 어떤 곳인지 알아나 보자는 심정으로 참석을 했지만, 종교 활동에 선뜻 적응할 수는 없었다. 마음이 편한 자리는 아니었다.

동명부대는 달랐다. 종교를 믿지 않는 사람에게 종교 행사에 참석하라고 강요하지 않았다. 공식적인 종교 활동 시간에는 건전한 사생활을 유지하는 정도의 자유를 줬다. 덕분에 나는 그 시간에 책도 읽을 수 있었고, 못다 한 휴식도 취할 수 있었다. 종교 활동에 참석하고 싶은 사람은 참석하게 하고, 참석하고 싶지 않은 사람은 참석하지 않게 해주는 것이 더 합리적이고 긍정적으로 군 생활을 할 수 있는 원동력이 되지 않을까 생각한다.

음주와 회식

군인에게 술은 양날의 검과 같다. 술로 인해 군 기강이 흐트러지고 정신이 해이해지기도 하지만 술 때문에 사기가 진작되고 스트레스가 해소되기도 한다. 부대 내에서 음주를 어느 정도나 허용하느냐에 따라 술은 나를 해치는 무서운 칼이 될 수도, 나를 위해 유용하게 사용할 수 있는 유익한 칼이 될 수도 있다.

대한민국 군은 음주를 일정량만 허용한다. 음주로 인한 사고를 예방하고 개인 건강과 군인으로서 체력을 관리하기 위해서다. 허용하는 음주량은 비상소집 시에도 임무 수행이 가능한 정도다. 따라서 군은 건전한 음주문화 정착을 위한 캠페인을 평소에 꾸준히 한다. 해외파병지에서도 마찬가지일 것 같았는데 국내부대와는 달랐다. 큰 행사 후에 단결 목적으로 부대 차원에서 작은 맥주 한 캔 정도씩 허용한 적은 있었지만, 그마저도 8개월의 해외파병 동안 손에 꼽고 남을 정도였다. 아무래도 해외지역에서 음주로 인해 사고가 나거나 위험한 상황이 발생하면 더 큰 문제로 번질 가능성이 농후하기에 사전 예방 차원에서 평소의 음주는 허용되지 않았다. 그렇지만 마침내 동명부대 20진에서 최초로 공식적으로 음주가 허용되었다. 19진에서부터 합동참모본부에 음주허용 요청을 했고, 그 결과로 결국 20진부터는 음주를 할 수 있게 됐다. 해외파병 전개 후 약 2개월이 지난 시점에서였다. 음주를 허용한 건 굉장히 긍정적인 일이라고 생각한다.

음주가 허용되었다고 아무 때나 술을 마실 수 있는 건 아니었다. 부대원 격려 차원에서, 단결 활동 간에, 부대 간 교류 행사에 한해 음주를 허용했다. 거기에 음주를 적절히 할 수 있도록 여러 장치가 마련되어 있었다. 음주하려면 일주일 전 신청서를 작성해서 제출해야 한다. 음주 목적, 인원, 시간, 장소 등의 내용이 포함된다. 신청서를 검토해서 적절성을 확인하는데, 동명부대 자체에서 확인하는 것이 아니라 합동참모본부까지 보고되는 최종 3단계의 승인시스템으로 허가가 이루어졌다. 또 건전한 음주문화를 위해 음주 전에는 교육받는다. 음주량도 고정돼 있다. 술은 개인에 따라 적절히 마시는 정도가 다르지만 시행 초기다 보니 일괄되게 음주량을 정했다. 맥주 350cc(한 캔), 와인 110cc(종이컵 3분의 2 정도), 양주 30cc(종이컵 6분의 1 정도)의 양이다. 음주 회식은 밤 10시 이전에 종료하게끔 되어 있다.

앞서 설명한 절차 때문에 매일 음주를 할 수는 없다. 그렇다고 꼭 필요한 모임이나 회식 같은 자리에서 술을 마실 수 없게 하려고 여러 음주 절차를 만든 것도 아니다. 음주 신청 절차가 어렵고 까다로워서 술을 못 마시는 정도는 아니었다. UNIFIL 소속의 다른 나라 부대 역시 금주를 강제하지 않고 있다는 점을 봐도, 동명부대가 음주를 허용한 것은 합리적인 결정이라고 생각한다.

전해들은 말인데, 부대 내에서 공식적으로 음주를 허용하지 않았던 이전 시기에도 어쩌다 몰래 음주를 했다는 사람도 있었다고 한다. 사실인지 아닌지, 무용담으로 지어낸 말인지 확인할 수 없지만, 무조건 음주를 금지하는 것만이 능사가 아니라는 걸 말해주는 것 같다. 아예 레바논에 술이 없다면 모르겠다. UNIFIL 사령부 내 PX에서도 술을 살 수 있다. 술을 구할 수 없는 것도 아니고 술을 마시고자 하는 열망이 아예 없는 것도 아니다. 몰래 숨어서라도 술을 마시고 싶은 욕구를 숨길 수는 없었을 것이다. 실제로 음주를 허용했기 때문에 몰래 숨어서 술을 마시기보다는 당당히 음주 신청하고 이에 따라 적당히 음주하는 사람이 늘어났다. 그렇지만 음주로 인한 불의의 사고는 일어나지 않았다. 실제로 음주를 공식적으로 허용했지만, 동명부대원 각자가 음주지침을 잘 따랐고 스스로 조절해가며 마셨기 때문이다.

다음날 임무에 지장이 있을 정도로 과음하는 건 절대 안 되겠지만, 가벼운 음주로 스트레스를 풀고 오히려 힘을 내서 업무를 할 수 있는 효과를 볼 수 있다는 건 더 좋은 일이 아닐까 조심스레 생각해 본다. 다 큰 성인들이니 음주에 따른 책임을 질 수 있는 성숙한 의식과 제도만 잘 뒷받침되어 있다면 음주를 허용하는 데 지장이 없다고 생각한다. 성인들의 성숙한 사고에 따라 자유롭게 음주를 할 수 있게 허락하되, 제한점을 명확히 하고, 이를 어겼을 때는 중한 처벌을 받을 수 있게 해야 한다. 무거운 책임감을 부여해서 스스로 잘 지킬 수 있게 하는 것이 가장 이상적인 정책이 아닐까 생각한다.

적당한 음주 범위에서 술을 마실 수 있다는 사실은 해외파병 생활에서 얼마 없는 즐거움이다. 동명부대 20진은 음주로 인해 폭행, 싸움 같은 큰 사건과 사고가 한 번도 일어난 적이 없다. 기분 좋은 음주 생활을 할 수 있었던 건 정말 행운이자 고맙고 힘이 되는 일이었다. 동명부대의 음주 허용은 오히려 빛이 난다고 생각한다.

요리하는 즐거움

동명부대원은 부대 내에서 동아리 모임이나 마음 맞는 부대원끼리 작은 소모임을 하며 지내기도 한다. 그런 모임을 단결활동이라고 부른다. 단결활동을 할 때, 그냥 만나서 이야기만 하는 경우도 있지만, 보통은 식사하며 모임을 갖는다. 남녀가 데이트할 때나 친구끼리 만날 때 같이 밥 먹는 것처럼 말이다. 진 전개 초반에는 부대생활에 적응하기에도 정신이 없고 힘들어서 음식을 만들어 먹을 여유가 없다. 그러다가 레바논 파병생활에 적응하면서 점차 음식을 만들어 먹는 사람이 조금씩 늘어난다. 해외파병 생활 중반쯤엔 꽤 많은 동명부대원이 스스로 요리를 만들어 먹기 시작한다.

음식 재료는 부대차원에서 주 1회 물자를 사러 나가는 물자구매 시간을 이용해서 구매한다. 근처 대형마트에 방문해서 물건을 사는데, 모두 참여할 수 없으니 대신 마트를 나가는 사람에게 많이 부탁한다. 또 마켓 웍스 민군작전 기회를 이용해서 현지에서 먹거리 재료를 사 오기도 한다. 이런 식으로 부대 밖에서 현지 요리 재료를 사 온다.

튀김가루, 새우, 식용유 등으로 새우튀김을 만들어 먹기도 하고 밀가루로 반죽을 만들어 국수를 만들어 먹기도 한다. 닭똥집을 사다가 구워 먹기도 하고 홍합을 사서 육수를 내기도 한다. 파전을 만들어 먹기도 하고 계란말이를 해 먹는다. 파스타 재료를 사서 크림 파스타를 만들어 먹기도 하고, 리소토를 만들어 먹는다. 육전, 생선구이, 콘치즈, 감바스, 같은 음식도 창조하고 만들어 먹는다. 부대 내에서 조그만 텃밭을 일구어 거기에서 나는 깻잎을 따다가 깻잎무침을 만들어 먹기도 했다. 그 맛이 한국에서 먹는 깻잎무침과 똑같다.

음주뿐 아니라 배달음식을 먹거나 음식을 직접 조리해 자유스럽게 먹을 수 있어서 해외파병동안 나는 음식으로 스트레스를 크게 받지 않았다. 별것 아닌 것 같지만 음식을 먹는 데 자율성을 부여하고 음주를 허락한 일은 8개월간 부대 내에서 생활하는 해외파병 부대원에게 큰 힘이 된다. 지금도 해외파병지에서 누군가는 음주를 즐기고 음식을 만들어 먹을 것이다. 바른 음주문화를 유지하고 건강한 음식을 만들어 먹을 수 있는 환경이 지속하기를 바란다.

파병 중 휴가

음주와 더불어 해외파병 기간에 휴가도 동명부대 20진에서 승인되었다. 레바논으로 파병이 전개된 지 약 5개월째부터 휴가를 떠날 수 있게 됐다. 이전 진에서는 휴가라는 개념 대신 휴식을 부여해서 한 달에 1~2회 정도 업무를 쉬게 해주는 정도였다. 포상을 받거나 설날 같은 공휴일에 업무하면 평일 하루 정도는 업무에서 손을 떼고 휴식을 취할 수 있게 배려하는 제도였다. 일하지 않아도 된다는 건 좋은 일이었지만, 당연히 부대 내에서 휴식해야 하고 부대 밖으로 나갈 수 없었다. 휴식 중에도 부대 내에서 지내다 보니, 정말 급한 일이 발생해서 처리해야 되면 쉬는 중간에도 잠깐 일을 도와주기도 해야 한다. 특히 의무대 같은 경우가 바로 그런 경우다. 아무리 휴식을 보장받아도 다른 사람이 현지 의료지원 민군작전 중이거나 외진 업무 같은 업무를 보고 있을 때 급한 환자가 발생하면 쉬고 있더라도 환자를 봐야 하기 때문이다. 이런 경우가 많지 않지만, 쉬면서 대기를 해야 하니 푹 쉬는 게 아니다.

합동참모본부에서 허가한 휴가를 사용하면, 그 기간에는 여행을 갈 수 있었다. 동명부대 울타리를 벗어나는 것이다. 외교부 홈페이지 '여행경보 제도'를 통해 해외 안전지역을 다녀올 수 있는 걸 원칙으로 했다. 합동참모본부에서는 레바논 정세와 안전에 위험요소가 있어 레바논 전 지역의 여행을 금지한 상태였다. 레바논을 여행할 수는 없었고 주변 국가인 그리스, 터키, 유럽 등의 나라를 최대 1주일간 여행할 수 있었다. 물론 한국으로도 다녀올 수도 있었다. 휴가는 해외파병 기간 중 총 1회를 사용할 수 있고 최소 3인 이상 동반으로 여행 다녀올 것을 권고한다.

휴가제도가 처음 생기고 나서 해외파병이 종료되는 시점까지 약 30%의 동명부대원이 해외파병 임무 수행 중 휴가를 다녀왔다. 폐쇄된 공간에서 8개월 동안 통제받으며 생활하는 부대원에게 스트레스를 해결하는 데 큰 도움이 되었다. 휴가 시행 장병을 대상으로 설문조사를 한 결과에서는 매우 만족한다는 의견이 98%나 되었다.

해외파병에 따르는 휴가는 원래 해외파병 종료 후에 정규로 30일간 부여받는다. 그간 해외파병에서 노고를 위로하기 위한 휴가다. 동명부대 20진 이전에는 모든 부대원이 해외파병 종료 후 약 1달간의 휴가를 즐겼다. 이번 해외파병 임무 중 휴가를 다녀오는 게 승인되면서 조건이 생겼는데, 정규 휴가 30일에서 차감되는 형태였다. 즉 해외파병 기간에 7일간 휴가를 다녀오면 귀국 후의 휴가는 23일만 사용할 수 있다. 새로 제도가 생겨 파병생활 중간에 휴가를 다녀올 기회가 있었음에도 불구하고 나머지 70%는 휴가를 다녀오지 않았다. 아마 나처럼 한 달간 쭉 휴가를 다녀오는 편을 선호한 것 같다.

휴가는 음주와 더불어 해외파병에서 정말로 꼭 필요한 복지정책이라고 생각한다. 힘든 해외파병 생활을 잘해나갈 수 있도록 해주는 데 이보다 더 좋은 게 없다고 생각한다. 시스템을 조금 더 다듬고 정립해서 보다 많은 부대원이 복지 혜택을 누리고, 받은 혜택만큼 더 충실히 임무를 잘 수행할 수 있다면 좋겠다.

사람과 사람 사이의 관계

동명부대에서 발생하는 문제 중 가장 큰 문제는 바로 사람 사이의 관계에서 발생하는 문제다. 동명부대라는 작은 공간, 작은 커뮤니티 안에서도 사람 사이에 정말 많은 일이 발생한다. 항상 사이좋고 우애 있는 관계를 맺고 지내면 좋겠지만 서운함, 섭섭함, 미움, 분노 같은 부정적인 감정이 드는 것도 어쩔 수 없는 일이다. 동서고금을 막론하고 사람 사이에서 살아가며 드는 보편적인 감정은 마찬가지로 동명부대에도 찾아온다.

몇 번이나 해외파병을 다녀온 부대원을 통해 들은 이야기로는 해외파병지에서 사람 간에 생기는 갈등은 정말 많다고 한다. 다 큰 성인을 좁은 울타리 안에 가둬두고 8개월을 생활하라고 하니 갈등이 생길 수밖에 없다. 말과 행동으로 상처를 주고 다툼이 일어나기도 한다. 심지어는 인간관계에서 오는 스트레스와 사람 사이의 문제로 한국으로 조기 소환되는 불명예를 안거나 법적인 문제까지도 발생하는 경우도 있다고 한다. 업무 부서끼리 사이도 좋지 않아서 서로 으르렁대고 싸우며 사이가 나빠지기도 한다. 같은 컨테이너 안에서 생활하는 부대원끼리 사이가 심각하게 나빠져 컨테이너 안에 칸막

이를 설치해서 아예 남남처럼 지낸 적도 있다고 했다. 매번 서로를 위하고 이해하며 사이좋게 지내면 좋겠지만 항상 장밋빛 같은 현실만 가득한 건 아니다.

사람 사이 관계를 맺는다는 건 정말 어려운 일이다. 열 길 물속은 알아도, 한 길 사람 속은 모른다고 하지 않던가. 생김새도 다르고 생각도 다르고 서로 살아온 환경도 다르다. 각자의 생활습관과 고유한 성격이 있다. 온통 다른 점이 많은 사람이 모여 집단생활을 하며 지내니, 사소한 것에 서운함이 발생하곤 한다. 특히 업무와 생활이 분리되지 않고 업무가 끝나도 서로 얼굴을 마주 보며 함께 생활해야 하는 동명부대 생활은 말할 것도 없다.

그렇다면 서로 간에 나쁜 감정이 들 때는 어떻게 하는 것이 좋을까? 가장 중요한 건 즉시 소통하고 서로를 이해하려고 노력하는 행동이다. 그때그때 의사소통하면 한결 나아진다. 우리에게는 자기 생각을 표현할 수 있는 말이 있고 글이 있다. 경청할 수 있는 귀가 있고 서로를 바라볼 수 있는 눈이 있다. 이런 신체 기관을 이용하지 않고 혼자만의 생각으로 이러쿵저러쿵 상상의 나래를 펼치다가는 오해할 여지가 많아진다. 좋았던 일이나 섭섭했던 일이 발생하면 그 순간 직접 표현을 해주는 것이 좋다. 덮어놓고 지내다 보면 점차 쌓인 감정이 더 큰 갈등의 골을 만들어 낸다. 어느 순간에는 돌아오지 못할 강을 건너버려 관계 회복은 요원해진다.

사소한 일이 쌓여 오해의 틀을 만들고, 이 틀이 모여 서로를 규정한다. 한쪽만 문제가 있어서는 문제가 발생할 수 없다. 양쪽 다 문제가 있기에 서로가 충돌한다. 나름의 사정과 이유가 있겠지만 서로 이해하려고 노력하는 그 과정이야말로 가치 있는 것이 아닐까?

해외파병지는 갇힌 공간에서 함께 생활해야 하는 작은 공간이다. 과하게 말하면 창살 없는 감옥이다. 부대 내에서의 자유는 있지만 밖으로 나갈 수 있는 자유는 없다. 같이 지내는 사람의 일거수일투족을 적나라하게 지켜보게 된다. 업무가 끝나도 좁은 곳에서 북적대면서 지낼 수밖에 없기 때문에 계속 마주치며 보게 되고, 자꾸 신경이 쓰이므로 상처받은 마음을 스스로 회복할 시간이 충분하지 않다. 다름으로 인해 차이가 생기고, 차이의 크기가 커지면서 어느 순간 마음이 멀어지게 된다.

그러므로 솔직하고 진정성 있는 대화와 그에 맞는 행동의 실천이 무엇보다 중요하다. 이미 대화의 문이 닫히는 상황도 종종 일어난다. 역지사지(易地思之)라는 말처럼 상대방의 입장에서 생각해봐야겠지만 말처럼 쉽진 않다. 또 어떤 사람을 보는 눈은 다른 사람이 보기에도 비슷할 가능성이 높기 때문에 자신만의 생각으로 사람을 재단해서 판단하고 단정하기보다는 다른 사람의 의견을 알아보고 종합하는 것도 중요하다.

레바논에 있으면서 동명부대 내에서 지내는 사람을 많이 보고 나서 새삼스레 깨달은 사실이 있었다. 바로 지겹고, 귀찮고, 하기 싫고, 짜증나는 일과 자신의 능력을 벗어나는 어려운 일을 구분해서 행동해야 한다는 사실이었다. 이런 일을 구분하지 않고 행동한다면, 나 자신의 마음가짐과 행동이 달라지는 것은 물론이거니와 다른 사람을 대하는 태도가 달라져 사람 사이 관계에도 나쁜 영향을 미친다.

8개월이라는 레바논 생활은 같은 일을 반복하는 일상의 연속이다. 사람은 반복하는 일을 지루하게 느끼고 이내 싫증과 짜증을 낸다. 레바논에서는 특히 이런 일이 많다. 기초 체력이 약하면 곧 피곤해지듯이, 반복하는 일과 하기 귀찮음과 사소한 짜증은 인간관계를 쉽게 악화시키는 지름길이다. 모든 것은 생각하기 나름이다. 어떤 생각을 가지고 어떻게 행동하느냐에 따라 즐거운 일이 될 수도, 악몽 같은 일이 될 수도 있다. 늘 하는 일이지만 기왕 하는 일이라면, 생각을 바꿔서 즐겁게 하면 좋지 않을까?

기나긴 레바논 파병 생활에서 '사람 사이의 관계란 무엇인가?' '인간관계의 본질은 무엇인가?' '어떤 생각을 가지고 앞으로 어떻게 살아야 할까?' 하는 생각이 많아졌다. 결론 내기 쉽지 않은 질문임이 틀림없다. 똑 부러지는 정답은 없었지만, 그래도 진지하게 한 번쯤 생각할 수 있었던 시간이 된 것에 대해 감사하게 생각한다. 지금도 쉽지 않지만, 늘 상대방에게 좋은 사람이 되고자 노력하며 산다. 나뿐만 아니라 다른 사람도 사람 사이에 관계에 대해 고민하고 성찰해서 의견을 나눠볼 수 있는 시간을 가졌으면 좋겠다. 이 시간에도 해외파병지에서 뿐만 아니라 일상생활에서도 사람 사이의 관계로 고민하며 갈등하고 있는 사람들의 문제가 원만히 잘 해결되기를 바란다.

스스로 다잡는 개인 생활 4

운동, 체중 조절, 타바타(TABATA)

개인적인 이야기다. 해외파병 동안 달성하고 싶은 목표는 여러 가지가 있었다. 그중에서도 가장 해보고 싶었던 건 운동을 열심히 해서 몸을 만들어보는 것이었다. 몸을 만든다는 건, 소위 말하는 몸짱이 돼보고 싶다는 말이다. 살면서 근육질 몸을 가져본 적은 한 번도 없다. 어렸을 때부터 운동을 잘 안 하다 보니 운동과 친해지지 않고, 운동신경이 없다고 생각해버리게 되었다. 운동신경이 남들보다 부족하다고 생각하니 더 운동하지 않게 되고, 운동하지 않으니 운동신경이 발달하지 못하는 악순환의 연속이었다. 어쨌든 실제로도 운동신경은 부족하긴 하다.

한 번은 의과대학 6년과 병원 생활 5년을 마치고 난 시점에 운동으로 몸을 만들 수 있는 적기라는 생각이 들었다. 한번 태어나서 몸짱이 돼보고도 싶다는 막연한 기대만 하고 있었는데, 그 꿈을 이룰 수 있는 얼마 안 되는 소중한 시간이었다. 지금 아니면 근육을 만들 기회도 없고, 근육량도 늘려서 나름대로 탄탄한 몸을 유지하는 게 좋겠다는 생각이 들었다. 난생처음 헬스클럽에 다니며 개인 트레이닝을 받기로 했다. 주 3회씩 약 8달을 하고 나니 몸이 약간은 달라져 있었다. 근육이 어느 정도 생겨 눈으로 보기에도 예전과는 달라졌다는 생각이 들 정도였다. 그런데 문제가 있었다. 근육을 키우려면 잘 먹어야 한다는 트레이너의 말에 따라 식단 조절을 생각하지 않고 막 먹었다. 말 그대로 '잘 먹고 지내다' 보니 체지방도 같이 증가했다. 근육의 필수 성분인 단백질 섭취를 주로 하는 식단을 구성해서, 괴롭더라도 참고 견디며 먹었어야 했는데 그런 건 전혀 생각도 안 하고 그냥 맛있게 먹고 지냈다. 식단도 가리지 않았고 술도 많이 마셨다. 먹을 거 다 먹다 보니 근육이 키워지면서 동시에 살도 같이 졌다. 다시 예전의 살찐 통통한 상태로 곧 돌아갔다. 다만 병원생활 할 때와 다른 점은 약간 근육이 있는 '근육 돼지'가 되었다는 거다.

레바논에 도착하면서부터 더는 물러날 곳이 없었다. 정규 업무시간이 끝나고 나면 비교적 자유시간이 많아 운동하기 적합했다. 또 동명부대는 식단조절과 체중조절을 하는 데 있어서만큼은 가장 좋은 환경이다. 갇혀 지내는 생활 외에도 삼시 세끼 정해진 시각마다 규칙적으로 식사하기 때문이다. 식사량을 줄여 평소의 70% 정도만 먹고, 시간을 내서 운동했다. 초반에는 하루 10㎞를 목표로 걷고 뛰었다. 5㎞는 뛰고, 5㎞는 걷는 식이었다. 도착한 지 얼마 안 됐을 때

시차 적응이 안 되어 새벽 시간에 눈을 떴다. 레바논의 새벽 시간은 우리나라 점심시간 이후이기 때문에 안 일어나려야 안 일어날 수 없었다. 원래 기상 시간보다 일찍 일어나 5㎞를 뛰었다. 밤에 헬스를 1~2시간하고 나머지 5㎞를 걸었다.

초반에는 쉽지 않았다. 다리는 천근만근이고 숨은 쉽게 가빠오기 시작했으며 몸이 쉽게 더워지고 땀이 쉬이 맺혔다. 더구나 헬스장에서 런지, 스쿼트, 인클라인 레그프레스 같은 하체 운동을 하고 난 다음 날 아침의 달리기와 걷기는 죽을 맛이었다. 엉덩이, 허벅지, 장딴지의 통증이 발생했고 무릎과 발목에 있는 관절은 아려왔다. 고된 상황이었지만 나와의 약속을 지키려고 이를 악물고 뛰고 걸었다. 초반이 지나고 어느 정도 몸이 익숙해지자 달리기와 걷기가 한결 나아졌다. 그렇게 운동을 하다 보니 3주가 지난 어느 순간부터 시큰시큰한 무릎 통증이 발생하기 시작했다. 동명부대 트랙의 경사가 급한 구간이 있어서 무릎에 무리가 생기기 시작했다. 게다가 헬스를 하며 어쩌다 발목을 다치고, 옆구리를 다치고, 손목을 다치고, 비가 와서 미끄러지며 엉덩이를 다치기도 했다. 다친 몸으로 운동을 열심히 할 수 없어서 휴식하며 지내는 날이 늘어났다. 그래도 첫 2개월 정도까지는 그래도 꾸준히 할 수 있었고 체중이 3~4kg 정도 줄어 있었다.

안타깝게도 해외파병 전 기간 내내 꾸준히 달릴 수는 없었다. 무릎과 발목 통증이 계속 남아있었기 때문이었다. 그래도 4개월가량을 하루도 빠지지 않고 해낸 경험은 나에게는 정말 놀라운 일이다. 돌이켜보면 지금까지 살면서 장기 계획을 세우고 하루도 빼먹지 않고 실천한 적은 거의 없었다. 나는 의지가 약한 사람이다. 그런데 이 일을 해냈다. 남들이 보기엔 별것 아니지만 스스로에겐 정말 대단한 일이다. 나와의 싸움에서 최초로 내 의지와 내 몸이 나를 이겨낸 순간이었다. 나도 할 수 있다는 사실을 깨닫게 해준 소중한 경험이다.

그러다 파병이 2달 남은 시점에서, 운명의 운동을 만났다. 바로 타바타 운동이다. 운동 방법은 이렇다. 보통 고강도 운동을 20초간 시행하고 10초간 휴식하는 것을 8번 반복한다. 약 4분 정도 걸린다. 이 4분 운동이 한 세트(Set)다. 총 6~8세트를 한다. 상황에 따라 다르지만 총 8세트를 기본으로 운동하는데, 우리 회원들은 6세트를 실시하고 이후 복근 운동과 플랭크 운동으로 마무리했다. 운동 중 모든 근육의 사용으로 근육 신진대사가 활발해지고 짧은 시간에 장시간 운동한 효과를 얻을 수 있으며 칼로리 소비가 높다. 홀린 듯 따라가며 같이 운동을 하다 보니 기분도 좋아지고 살도 약간 빠지는 것 같았다.

그렇게 1달이 지나고 나서 체중을 측정하자, 한 달 만에 무려 4kg이 빠져 있었다. 지난 6개월 동안 나름대로 혼자 운동하고 식단조절을 했던 노력으로, 한 달에 1kg씩 빼는 기염(?!)을 토했었는데, 아니 이건 한 달 만에 나 스스로 4달 치의 살을 빼는 과업을 달성한 셈이 되었다. 살이 이렇게나 쭉쭉 빠질 줄은 몰랐다. 덕분에 해외파병 종료 1달 전에 가장 많이들은 말은 얼굴이 반쪽이 되었다는 소리였다. 정말이다. 걱정하는 소리 반, 부러움의 소리 반이었지만 어쨌든 누가 봐도 얼굴 살이 심각하게 빠지긴 했었다. 레바논에 처음 도착한 직후의 모습과는 확연히 달랐다. 비로소 나는 대학생 때 날렵했던 얼굴 형태를 갖춰가고 있다는 느낌을 확실하게 받았다.

타바타 운동으로 자신감도 되찾고, 덕분에 인사만 하고 알고만 지냈던 타바타 클럽 회원과 해외파병 말기에 더욱 친밀하게 지내게 되었다. 체중도 내가 목표한 수준으로 감량할 수 있어서 정말 기뻤다. 효과를 보자 남은 해외파병 1달도 더욱 열심히 타바타 운동을 하게 되었다. 귀국 하루 전날, 짐을 다 싸놓은 상태에서도 어김없이 연병장 한구석에서 타바타 운동을 꾸준히 했다. 보통은 운동할 옷을 다 싸버리거나, 귀국 하루 전날의 회포를 푸는 자리가 있거나, 경건한 마음을 가지거나 하는데, 그런 것 따위는 모두 상관없었다. 한국으로 가는 전날까지도 타바타 운동을 계속했다. 역시 운동도 누군가 같이하며 옆에서 힘이 되어주고, 꾸준하게 하는 게 가장 중요한 것임을 알았다. 혼자 잘하는 사람이면 혼자 해도 상관없겠지만, 나처럼 운동 신경도 없고 운동에 중독된 사람이 아니라면 누군가와 같이 운동해보기를 바란다. 분명 효과가 있다.

별것 아니지만, 나 하나쯤 혼자 할 수 있는 운동이 있고, 언제든지 자신 있게 운동을 할 수 있다는 믿음이 있기에 행복하다. 지금도 이렇게 타바타 운동에 대한 글을 쓰며 과거를 회상해 보니 정말로 좋았던, 다시는 돌아오지 않을 2018년 여름, 해질녘의 따스한 레바논 햇살이 그립다. 그 햇살 아래에서 함께 했던 운동 시간만큼은 정말로 행복했었다. 타바타 운동으로 체중감량하고 유지, 관리할 수 있어서 행운이다.

책 읽기

레바논 파병 동안 여러 가지 목표를 세웠었다. 운동으로 체중을 감량해서 건강해지는 일이 가장 큰 목표였고, 그다음 목표는 책을 많이 읽는 것이었다. 원래는 지독하게 책을 잘 안 읽었다. 독서에 별로 흥미가 없었고 책을 읽는다는 건 지루하다는 편견이 있었다. 정규 교육과정처럼 짜여있던 의과대학, 병원 생활을 마치고 나면서 어떻게 살아야 할 것인가에 대한 근본적인 질문이 찾아왔다. 군에 입대하면서 내 시간을 비교적 자유롭게 사용할 수 있었고, 책에서 내 인생의 길을 찾아 나가기로 했다. 의무적으로 독서해보기로 마음먹었다. 처음에는 책을 읽는 게 지루했다. 읽어 버릇 하지 않았기 때문이었다. 습관이 안 되어 있으니 책을 읽는 자세도 불편하고 눈과 몸이 피로했다. 중단할 수도 있었지만 생각을 바꿨다. 흥미가 없어도 책을 읽으려고 노력했고, 흥미가 있다고 생각하고 집중하게 된 것이다. 책에 쓰여 있는 내용과 행간의 문맥을 읽으려고 노력했고, 도대체 작가가 하려는 말은 무엇인가를 파악하려고 몰입하다 보니 차츰 책을 읽는 게 즐거워졌다. 책의 내용을 알아간다는 것도 좋았고 책에서 깨우침을 얻을 수 있다는 것도 좋았다. 심지어는 책을 읽는다는 행위 자체도 즐거운 일이 되었다.

레바논에 도착하고 나서보니 동명부대 내 2~3곳 정도에 책을 모아놓은 북카페가 있었다. 아주 최신 책은 찾기 힘들었지만, 그래도 양서가 많았다. 내가 가져간 책에 북카페에서 몇 권 빌려 읽기도 했다. 파병 기간 동안 부지런히 읽어 약 50권의 책을 읽을 수 있었던 건 나로서는 목표를 충분히 달성한 일이었다.

지구상에 있는 모든 종에서 언어를 말하고 문자로 의사소통을 하는 건 인간이 유일하다. 침팬지도 몸짓이나 수화로 의사소통을 하지만 고차원적인 생각을 하며 정교하고 세밀하게 언어를 이용하고 글을 읽고 쓰는 것은 인간만이 할 수 있다. 유전학적으로는 'FOXP2'라는 유전자 변이 때문이다. 언어 유전자인 FOXP2 유전자는 다른 포유동물도 가지고 있다. 어떤 이유에서인지 몰라도 약 12만~20만 년 전에 인간에서 이 유전자에 중요한 변화가 일어났다. 미세한 염기서열의 차이로 인해 인간은 언어능력을 얻게 되었다. 입, 혀, 성대를 정교하게 움직여 복잡한 발음을 내뱉을 수 있게 되고 생각을 표현할 수 있게 된 것이다. 고작 2개의 아미노산이 돌연변이를 일으킨 덕분에 인류는 의사소통하며 협업을 하게 되고 지구 모든 생물의 패자로 군림하게 되었다. 우리는 자연스럽게 말하고 듣고 읽고 쓰고 있다. 우연인지 필연인지 모를 유전자 때문에 우리는 서로 의사소통하며 살고 있다. 세상 감사해야 하는 일이다. 두개골에 갇힌 뇌가 만들어내는 생각을 의사소통을 통해 서로 알 수 있다는 사실이 놀랍지 않은가?

나는 실제로 이렇게 생각해서, 그 덕에 책을 읽게 되었다. 읽고 나면 쓰게 되었다. 감사한 능력을 마음껏 사용하기로 한 것이다. 언어와 문학에 전혀 소질이 없던 내가, 읽고 쓰게 되었고 더군다나 영어나 다른 외국어에도 관심을 가지게 된 것도 이런 생각의 변화 때문이다.

프란츠 카프카는 이렇게 말했다.

> "읽는 책이 우리 머리를 강타해 우리를 깨우지 않는다면 그런 책을 대체 왜 읽나? 책은 우리 내면의 언 바다를 깨는 도끼가 돼야만 한다(If the book we're reading does not wake us up with a blow to the head, what are we reading for? A book must be the axe for the frozen sea within us)."

의식을 깨우고 내면을 깨부술 수 있는 책을 만나서 독서에 즐거움을 느끼는 사람이 많아지기를 기대해 본다. 한층 더 나은 사람으로 성장할 수 있는 책의 소중함과 그 가치를 알고 책을 읽는 인구가 차츰 많아졌으면 하는 작은 바람을 가져본다.

열대과일

레바논은 중동지역의 좋은 햇살과 지중해성 기후의 적절한 날씨 덕에 과일의 종류가 다양하다. 과일이 풍부하고 잘 영글어 갈 수 있는 천혜의 환경이 갖추어져 있기 때문이다. 수박, 딸기, 멜론, 망고, 자두, 체리, 키위, 바나나, 석류, 사과, 복숭아, 납작 복숭아, 무화과, 배, 오렌지, 레몬, 무화과, 슈가애플, 파인애플, 선인장 열매 등이 흔하게 파는 과일이었다. 내가 먹어본 과일만도 이 정도인데, 실제로 지역의 과일가게에서 판매하는 과일은 더 다양하지 않을까 생각한다.

과일도 다양하지만 가격도 무척이나 저렴했다. 멜론 1개가 2~3달러 정도였다. 사람 머리만 한 크기인데 식사하고 후식으로 한 통을 먹으면 4명이 먹어도 배가 불러 꾸역꾸역 먹게 되는 양이다. 수박은 큰 것 1개가 6달러 정도, 딸기는 알이 큼지막한 것이 모인 바구니가 1kg에 단돈 2달러다. 체리는 1kg에 약 4달러 정도 한다. 우리나라에서 판매하는 수입산 체리의 가격은 100g 에 약 1,200원 정도다. 1kg를 산다고 치면 우리나라에서는 레바논에서의 3배의 가격을 주고 사는 셈이 된다. 또 정말 저렴하게 과일을 팔고 있는 가게에는, 잘 익어서 당도가 높은 복숭아 3kg 정도를 4달러에 살 수 있다. 한국 같으면 어림없는 일이다. 적어도 2~3만 원 이상은 지불해야 한다. 납작 복숭아는 일반 복숭아보다 두 배가량 당도가 높고 수분 함유량이 많은 과일이다. 우리나라에서 4개의 15,000원으로 비싼 편으로 팔리고 있지만 금방 동이 날 만큼 인기가 높다. 레바논에서는 납작 복숭아도 저렴해서 1kg에 5달러 정도였다. 아마 레바논에서 납작 복숭아를 사다가 한국에 팔면 부자가 되는 건 시간문제겠다.

과일 종류도 다양하고 가격이 부담이 없다 보니 레바논에서 지내는 동안 나는 과일 먹는 습관을 들이게 되었다. 이전까지 한국에서는 스스로 과일을 챙겨 먹은 적이 없다. 누군가 주거나 권할 때 먹었지, 의도적으로 과일을 구매해서 스스로 챙겨 먹은 적은 없었다. 레바논에서 과일을 정기적으로 먹다 보니 신선한 과일을 먹는다는 기쁨을 새로 알게 되었다. 보통 부대원은 정기적으로 마트를 다녀오는 편에 과일을 사서 먹거나, 부대 차원에서 정규 식사 후에 후식으로 제공하는 과일을 주로 먹는다. 보급 장교님이 따로 예산을 편성해서 전 부대원이 부식으로 과일을 먹을 수 있도록 특별서비스를 제공했기 때문이다. 덕분에 부대원 모두는 새콤달콤하고 시원한 과일을 먹을 수 있었다. 지중해 기후와 중동의 강렬한 햇살 때문인지, 전반적으로는 한국 과일보다 당도가 높게 느껴지고 과즙이 달다. 체리나 수박은 정말 달고 시원하고 맛있는 과일이었다. 더불어 키위, 바나나도 인기가 많은 과일이었다.

한국에서 맛보기가 쉽지 않은 체리는 전 장병이 사랑하는 인기 과일이었다. 먹기도 편하고 무엇보다도 달고 맛있었다. 당연히 내 입맛에도 모든 과일 중 체리가 으뜸이었다. 특유의 새콤달콤함이 입맛을 돋우고, 한입에 쏙 들어가 먹기가 편했다. 후식으로 나온 체리는 빨리 동이 나기도 해서 때로는 못 먹는 사람이 생길 정도였다.

체리는 각종 효능이 많아 과일 중의 다이아몬드라고 불린다. 오죽했으면 좋은 것만 얄밉게 쏙쏙 골라 먹는 사람을 '체리피커(Cherrypicker)'라고 부르는 말이 생겼을까! 체리 20개당 90kcal로 열량이 낮아 살찔 걱정이 없다. 딸기의 6배, 사과의 20배에 달하는 철분을 가지고 있어 빈혈에도 좋다. 숙면을 돕는 천연 호르몬인 멜라토닌과 붉은색을 띄게 해주는 항산화 성분인 안토시아닌이 풍부하다. 안토시아닌은 스트레스에 따른 뇌 신경 노화를 예방하는 데 좋다고 한다. 나는 레바논에서 지낸 덕분에 체리를 마음껏 먹을 수 있었다. 마트에 들르면 체리를 무조건 사 오곤 해서 두고두고 먹을 정도였다.

특이한 과일은 선인장 열매였다. 수류탄처럼 생긴 외모 속에 숨어있는 내용물을 먹는다. 껍질은 선인장 가시가 박혀있는데 맨눈으로 자세히 보지 않으면 잘 안 보인다. 무턱대고 손에 잡았다간 피부에 작은 가시가 수북이 박히기 마련이다. 목장갑을 끼고 그 위에 비닐장갑을 끼고 난 후에야 만져야 수월하게 해체 할 수 있다. 칼집을 내어 껍질을 벗기고 나면 과육 사이사이마다 씨가 들어가 있는 과육을 만날 수 있다. 씨는 그냥 먹어도 된다고 했다. 과육을 베어 물었는데, 씨가 깨지는 것도 아니고 그렇다고 꽉 씹었을 때 씹히는 것도 아닌 어정쩡한 상태가 되었다. 과육은 살짝 단맛이 나는 심심한 맛인데 씨가 너무 많다 보니 과육을 입안에서 발라내며 먹을 수도 없었다. 결국 버렸지만, 선인장 열매를 먹기도 한다는 사실을 알았다는 것, 그걸 먹어보는 경험을 해봤다는 것만으로도 신기한 경험이다.

또 특이한 과일 중 하나는 바로 무화과였다. 무화과는 이름만 들어봤지 실제로 보거나 먹어본 적은 한 번도 없었다. 의무대 앞에 심긴 나무에서 무화과가 열리고 익어 떨어지기에 비로소 실물을 보고 먹어볼 수 있었다. 무화과를 먹어본 사람이면 알지만, 처음 보면 이걸 어떻게 먹어야 할지, 생소한 모양을 하고 있다. 오죽하면 인터넷에서, 맛있다는데 먹기는 부담스러운 과일 중 하나로 뽑힌 게 무화과다. 나도 처음에는 이걸 어떻게 먹어야 하나 고민했다. 무화과는 반으로 잘라 안쪽 부분을 주로 먹는다. 때에 따라서는 무화과 열매 전체를 먹는 경우도 있다고 하고, 말려서 먹거나, 가공해서 잼이나 통조림으로 만들어 먹기도 한다.

무화과의 꽃은 우리가 흔히 무화과 열매라고 부르는 초록색 열매다. 즉 열매 안쪽으로 수많은 작은 꽃이 들어가 있는데, 우리가 무화과 열매를 먹는 부분이 바로 꽃이다. 빨간색으로 오돌토돌하게 나 있는 꽃은 마치 '쿠션 브러시'라는 종류의 빗처럼 생겼는데, 먹을수록 단내가 입안에 향긋하게 퍼진다. 무화과로 잼을 만들어 먹으면 맛있겠다는 생각이 바로 들 정도로 달짝지근하다. 무화과가 이렇게나 맛있는 과일이었구나! 이 열매를 처음 먹어본 고대의 사람은 자연이 선사해준 건강한 단맛을 먹었겠구나! 하는 생각이 들었다.

슈가애플(Sugar apple)이라는 특이한 과일도 있었다. 난 처음 봤다. 주먹보다 약간 큰 크기의 녹색 열매로 공룡의 피부 같이 겉은 오돌토돌하게 굴곡져 있었다. 슈가애플은 아노나 스콰모사(Annona Squamosa)라는 학명을 가진 과일인데, 석가모니의 두상과 닮았다 하여 '석가두'라고 부르기도 한다. 중앙아메리카 지역이 기원지라고 알려져 있고 중앙아메리카 이외에도 아프리카 열대지역, 베트남, 말레이시아, 필리핀, 대만 등에서도 볼 수 있다. 힘을 줘서 열매를 부수고 내부로 나 있는 뽀얀 과즙 열매를 베어 물었다. 손가락 한 마디 정도 되는 과즙 열매 하나마다 씨앗이 나 있어 뱉으며 먹어야 했다. 어디서도 먹어볼 수 없는 맛이었는데, 꼭 마치 달디단 크림 우유 같았다. 눈이 휘둥그레지는 단맛 때문에 슈가애플에서 손을 놓을 수 없었다. 보이는 건 험악하지만 속은 부드럽고 달달한 특이한 과일이었다.

아직도 레바논에서 먹었던 과일의 달달함, 새콤함, 시원함, 상쾌함이 입안에 맴도는 것만 같다. 레바논에서 다양한 과일을 마음껏 먹고 즐길 수 있었던 기억에 괜스레 행복해진다. 레바논의 당도 높은 과일이 그립다.

일광절약 시간제

레바논에서 일광절약 시간제를 경험할 수 있었던 건 특이한 경험이었다. 일광절약 시간제 (Daylight saving time, DST)는 흔히 '서머타임(Summer time)'이라고 부르는 제도다. 낮이 길어지는 여름쯤에 시곗바늘을 미래로 1시간 앞당기고, 낮이 짧아지는 늦은 가을에 되돌리는 것이다. 예를 들면 7시를 8시로, 3시를 4시로 바꾸는 것이다. 미국, 캐나다, EU 등 86개 국가에서 3월 마지막 일요일에서부터 10월 마지막 월요일까지 실시하고 있다. 레바논도 일광절약 시간제를 채택해서 사용하고 있는 나라 중 하나다. 당연히 3월 마지막 일요일부터 일광절약 시간제를 시행한다는 공지가 전 장병에 하달되었다.

나는 굳이 왜 시간을 한 시간 앞당겨야 하는지를 쉽게 이해하지 못했다. 일광절약 시간제를 위해 전 장병이 교육을 받아야 했다. 한국과의 시차도 7시간에서 6시간 짧아지게 되었다. 개인 손목시계나 사무실 시계는 수동으로 바꿔야만 했다. 불평, 불만이 많았다. 스마트폰의 시계는 어떻게 바꿔야 하는지, 바뀌지 않으면 시간을 계속 1시간씩 앞당겨서 생각해야 하나? 궁금증이 있었는데 누구도 아는 사람은 없었다. 왠지 불편할 것만 같았다. 시간에 따른 혼란이나 혼선이 초래할 사회적 문제가 발생하지 않을까 하는 막연한 걱정도 있었다.

점차 시간은 다가와서 3월 마지막 주 일요일이 되었다. 그런데 웬걸, 일광절약 시간제를 시행한 당일에 아침에 보니 스마트폰 시간이 저절로 바뀌어 있었다. 손목시계의 시각은 그대로였기 때문이다. 한 시간을 도둑맞아버렸다. 잃어버린 한 시간이 아쉽긴 했지만, 막상 해보니 해가 떠 있는 낮 시간을 조금은 더 유용하게 사용할 수 있었다. 여름에는 해가 일찍 뜨니, 한 시간을 앞당겨 사용하면 아침시각 낭비가 없게 되고, 오후 늦게까지 해가 떠 있는 낮 활동을 더 할 수 있게 되는 장점이 있다. 이에 따라 생산 활동이 가능한 기간이 늘어나고 에너지가 절약되기도 한다. 좋은 점도 있지만, 늘어난 오후 시간으로 직장에서 일을 더 해야 하는 상황이 올 수도 있다는 단점도 있다. 일광절약 시간제는 인체 리듬을 깨며 에너지 사용에도 그다지 큰 도움이 안 된다는 주장도 있다.

지구 온난화로 지구가 점점 더 뜨거워지고, 여름철에 에너지 사용량이 증가한다면, 우리나라도 일광절약 시간제의 도입을 한 번 고민해 봐야 하지 않을까 생각해 본다. 늘어난 오후 시간만큼 야근 같은 업무만 늘어나지 않는다는 확신만 있다면, 우리나라에서도 한 번쯤 도입해 볼 만한 제도가 아닌가 싶다. 물론 충분한 사회적인 공론과 논의는 기본이다.

현지 물가와 통신

레바논의 물가는 거의 우리나라와 비슷한 정도다. 왠지 막연한 생각으로는 우리나라보다 저렴할 것 같지만 아니다. 대표적으로 저렴한 것은 과일과 고기 같은 식재료다. 과일 가격은 앞서 말했으니 넘어가고, 소고기는 1kg에 약 10달러 정도로 저렴하다. 생필품이나 다른 물건은 거의 우리나라 물가와 비슷비슷하다. 그렇지만 통신은 다르다. 우리나라에 비해 비싼 편이다. 동명부대에서는 각 개인이 통신사에서 발급하는 데이터 충전 카드를 구매해서 스마트폰과 인터넷을 사용한다. LTE라서 통신 속도는 그렇게 느린 편은 아닌데, 한 번씩 느려지거나 끊길 때가 있다. 속도와 비용을 생각하면 통신비가 비싼 편으로 매달 비용이 꽤 나간다.

UNIFIL 소속의 다른 나라 부대는 대부분 복지 차원에서 와이파이를 무료로 이용할 수 있게 한다. 해외파병지에서 통신 복지를 향상할 방안이 있으면 좋겠다. 부대 내에서 와이파이를 사용할 수 있게 한다든지, 그게 안 된다면 통신사와 협조해서 각 부대원이 조금 더 저렴하게 이용하는 방법 같은 방안이다. 비싼 데이터 사용요금을 동명부대원이 조금 더 저렴하게 널리 사용할 수 있는 방안이 마련되어 한국에 있는 가족이나 친구와 더 잘 소통하고 이야기 할 수 있는 여건이 될 수 있기를 바란다.

셀프 이발

국제평화지원단에서 해외파병을 위한 교육을 받을 때 간단한 이

발교육이 있다. 군인으로서 단정하고 깔끔한 헤어스타일을 유지해야 하는 건 기본이다. 짧은 형태의 머리 스타일로 자르는 한 가지의 방법만 익히면 된다.

동명부대 내에는 이발실이 곳곳에 있어 서로 이발을 해준다. 이발해주면서 레바논에서 점차 이발 실력이 늘기도 한다. 군 생활을 오래한 부대원 중에는 이발 실력이 상당한 사람도 있다. 또는 현지인 이발사에게 이발하기도 한다. 현지인 이발사가 일요일마다 부대로 들어와 5달러에 이발을 해준다. 마켓 웍스를 나가서 현지 이발소를 이용하는 것도 굉장한 문화체험이다. 레바논 스타일(?!)이 따로 있다. 특별한 헤어스타일은 아니고 옆머리, 뒷머리를 짧게 자르고 나머지 머리는 적당히 자르는 거다. 가르마를 타는 곳에 스크래치를 조금 넣어주기도 한다. 이런 걸 통틀어서 두루뭉술하게 레바논 스타일이라고 한다. 여기서는 5,000리라(약 3.5달러) 정도의 가격이다. 실제로 마켓 웍스에 나가서 레바논 현지 이발소에 방문해서 이발체험을 하는 부대원도 종종 있다.

어쨌든, 나는 레바논에 도착하면서부터 셀프 이발에 도전해 보기로 결심했다. 레바논 파병 1달째 되는 시점에 셀프이발에 도전했다. 유튜브에는 셀프 이발을 알려주는 동영상이 많다. 미용가위로 머리를 자르는 것은 전문적인 수준이라 패스하고 이발기(흔히 말하는 바리캉)를 이용하여 자르기로 했다. 더군다나 같이 옆에서 셀프이발에 관심을 보이는 수의 장교가 셀프이발에 동참하기로 해서 든든했다. 우리는 동영상을 몇 번이고 돌려봤고 마침내 때가 됐다.

샤워장에 가서 이발 도구를 들고 갔다. 이발 준비를 마쳤다. 거울을 보고 심호흡을 크게 한 후 이발기를 머리에 갖다 댔다. "윙~" 하는 이발기 소리와 함께 머리카락이 잘려 내려가며 어깨와 바닥에 떨어지기 시작했다. 이발기를 처음 사용해보는 거였다. 잘려 나가는 머리를 보며 우리 둘은 낄낄댔다. 나는 한국 출국 직전에 짧게 이발한 터라 머리가 크게 길지 않았고 많이 자를 머리가 없어서 이발하기 쉬웠다. 옆머리와 뒷머리는 짧게 잘랐고 나머지 부분은 조금씩 다듬었다. 어색하지 않게 그럴듯한 모양의 헤어스타일이 완성됐다. 그러나 이런 행운이 수의장교에게도 찾아오지는 않았다. 여기를 다듬고 나서 다른 각도에서 보면 울퉁불퉁하고, 다시 다른 곳을 다듬었더니 다른 방향에서 어색하고…. 결국 모든 머리를 3mm로 밀어버리는 것으로 마무리되었다.

동명부대원 중에서는 스스로 이발한 지 벌써 10년이 넘어가는 사람도 있었다. 거의 전문가 수준이 되어 있었다. 이발기를 조작하는 방법, 머리카락을 자르는 역동적인 손목 스냅, 섬세하고도 정밀한 가위질까지 못 하는 게 없었다. 누가 알려주지 않았지만 스스로 터득하고 알아냈다. 직업을 모르고 본다면 머리 미용 전문가라고 해도 될 정도의 수준이다. 물론 처음에는 실수도 하고 실패도 했다고 했다. 하다 보니 점차 기술도 늘고 부대원에게 소문도 나서 많이 자르게 되었고, 마침내 지금 단계까지 온 거였다. 나도 소문을 듣고 작은 감사 표시라도 하면서 파병 말쯤에는 그분께 머리를 자르게 되었다. 힘들지 않냐는 말에 오히려 본인에게 찾아와 주는 사람이 고맙다고 하는 겸손함이 더욱 돋보였다.

셀프 이발을 해 볼 수 있었던 건 즐거운 추억이자 좋은 경험이었다. 처음 경험하는 모든 것은 쉽지 않다는 사실과 충분한 준비와 연습 없이 달려들었을 때 나쁜 결과를 초래할 가능성이 높다는 것을 새삼 깨달을 수 있었지만, 처음 하는 일이 주는 두근거림과 재미를 느낄 수 있었다. 한국에 와서 셀프 이발에 도전해 보려고 이발기를 구매하긴 했지만, 생각만큼 사용하지 못했다. 사놓은 이발기가 아까워서라도 레바논에서 첫 셀프 이발의 추억을 떠올리며, 셀프이발에 도전해서 성공하는 날을 기대해 보겠다.

고양이 동숙이

나는 지금까지 살면서 동물을 키워본 적이 없었지만, 해외파병 생활에서 동물을 키우며 교감할 수 있었던 것은 행운이다. 의무대 숙소 앞마당에는 동숙이라는 이름의 작고 귀여운 고양이가 산다. 한 2~3년쯤 된 고양이라고 했다. 동물을 막 무서워하는 것도 아니고 그렇다고 동물을 마구 사랑하는 것도 아니었다. 그냥 키워 본 적도 없고 같이 지내본 적도 없었기에 동물에 대한 애착이 없었다. 굳이 동물을 키워보고자 하는 생각 자체가 없었다고나 할까. 처음 동숙이를 만났을 때 동숙이가 나를 매우 경계하는 눈치였다. 제때 밥 잘 챙겨주고 잘 쓰다듬어 주며 교감하자 급속도로 친해졌다. 내가 빨래하러 가거나, 생활관에서 의무대로 이동하면 옆을 쏜살같이 따라온다. 아침, 점심, 저녁 식사를 하고 식당에서 돌아오는 길엔 동숙이가 마중 나와 있다가 쏙 돌아가곤 한다. 내가 편안해졌는지 내가 평상에 앉아 있으면 나에게 달려와서 내 무릎에 안겨 엎드려 있곤 했다. 그러면 나는 동숙이 털을 쓰다듬어 줬다. 동숙이가 쉬는 숨과 뛰는 심장박동을 느끼며 불어오는 시원한 바람을 쐬고 있으면, 이내 내 마음은 편안해졌다. 내 무릎 위에서 새근새근 잠을 자기도 했다. 곧 있다가 동숙이가 곁을 빠져나가고 나면, 입고 있던 옷에 털이 한 바가지가 묻어 있는 건 각오해야 하는 일이었지만 그래도 좋았다. 서로 교감한다는 무언의 마음 통함이 좋았다.

동물도 사람처럼 개체마다 특유한 성격이 있다. 모두 다르다. 나는 파병 2개월째 동물학자가 침팬지를 키우며 회고한 책을 우연히 읽고 나서야 동물도 각자가 성격이 있음을 알 수 있었다. 그렇구나! 고양이라고 다 똑같은 게 아니구나! 어떤 고양이는 조심성이 많고, 어떤 고양이는 사람을 덜 두려워하고, 어떤 고양이는 애교가 많고, 어떤 고양이는 호전적이다. 당연한 사실을 이제야 알게 되었다. 그렇게 생각하고 동숙이를 보자 동숙이에 대한 이해가 더 깊어졌다. 동숙이는 사교성이 있고 친한 사람한테는 애교를 부리는 고양이였다. 동숙이와 교감하면서 알게 모르게 내가 동숙이에게 의지하며 파병생활을 해오고 있다는 걸 깨달을 수 있었다. 매일 동숙이와 마주치며 쓰다듬어주고 애정을 쏟아준 것은 해외파병 생활을 외롭지 않게 할 수 있었던 원동력 중 하나였다.

레바논 파병 생활이 종료되는 시기가 다가오고 떠날 때가 되자, 동숙이를 더 못 본다는 사실에 마음이 뒤숭숭했다. 우리야 8개월 왔다가 가지만 동숙이는 동명부대 안에 살고 8개월마다 밥을 주는 사람이 바뀐다고 생각하니 측은하고 불쌍한 마음이 들었다.

지금은 동숙이를 볼 수 없지만 나와 교감하며 따라와 주는 고양이를 또 만날 수 있을까 하는 생각이 든다. 고양이를 집에서 키운다고 생각해보면, 아직은 '집에서 같이 생활하면서 고양이를 잘 키울 수 있을까? 아무래도 어렵겠지?' 하는 의문이 들기는 하는데, 동숙이라면 가능할 것 같기도 하다.

한국에 돌아온 지 한참 시간이 흘렀지만, 가끔 해외파병 때 사진을 들춰보면 동숙이 사진이 꽤 나온다. 내가 일하고 있는 의무실로 들어와 있는 사진, 책을 읽는 공간에도 들어와서 앉아있는 사진, 소파나 침대에서 자기 털을 묻히며 뒹굴뒹굴하고 있는 사진, 우유를 맛있게 핥으며 먹고 있는 사진 등 여러 귀여운 사진이 많다. 말 못하는 동물이지만, 동물을 키우는 이유를 알 수 있게 해준 소중한 경험이었다. 동물을 키워보면 알겠지만, 동물과 사람 사이에 서로 마음이 통한다는 것은 분명한 사실이다. 동물과 함께 지내지 못했다면 평생 알지 못할 경험을 할 수 있었던 것에 대해 감사하게 생각한다.

이따금 한번씩 동숙이가 보고 싶다. 나를 많이 따라주고 서로 교감하며 의지했었는데 말이다. 많이 컸는지, 싸우고 다니지는 않는지, 밥은 잘 먹고 다니는지 궁금하다. 기왕이면 영상통화로 동숙이 모습을 보고 싶지만, 그건 쉽지 않을 것 같다. 가끔 레바논에서 들려오는 동숙이 소식이라도 알 수 있으면 좋겠다.

운전병

레바논에서 지내면서 유독 친해진 부서의 부대원이 있다. 바로 수송부의 운전병이다. 부대 울타리 밖을 나가지 못하기 때문에, 운전해서 밖을 돌아다니는 운전병은 부러움의 대상이다. 부대에 갇혀 있는 생활을 하다 보니 운전병 애들도 처음에는 운행 때문에라도 밖에 나갈 수 있다는 게 좋았다고 했다. 그런데 이것도 몇 달 지나면서 본인들의 업무가 되다 보니 슬슬 지겹고 지루해진다. 반복하는 일상 업무가 되어버려 부대 밖 환경이 더 매력적인 환경이 아니게 된다.

운행 나간 김에 뭔가를 사달라고 부탁을 많이 듣는 것도 살짝 부담되는 일이다. 누구나 자유롭게 나갈 수 있다면 개인이 알아서 물건을 사겠지만. 그게 안 되니 운행으로 나갈 수 있는 운전병에게 물건을 사다 달라고 부탁하는 경우는 비일비재하다. 더구나 운행 배차 중에는 부대 식품구매, 마켓 웍스, 마트 자체 업무, UNIFIL 사령부의 업무(UNIFIL내 PX는 웬만한 마트에 있는 물건이 다 있다.)가 거의 항상 있기에 물품을 사 올 여력이 된다. 자주 밖을 나갈 수 없는 나로서는 운전병 애들한테 부탁할 수밖에 없고, 고맙고 미안한 마음에 밥이라도 한 끼 사게 되다 보니 서로가 친해진다. 게다가 의무대는 현지 의료지원 민군작전을 수행할 때, 운전병과 함께 가고 도움을 받으므로 더욱 친밀해진다.

유독 나를 잘 따르고 싹싹하고 성격 좋은 운전병이 있었다. 지금도 연락하고 친하게 지내고 있는 친구인데, 그 친구 덕분에 필요한 물건을 항상 구할 수 있어서 고마웠다. 우리는 마음도 잘 맞고 잘 지내서 자체 회식도 꽤 했다. 음식 재료를 사다가 만들어 먹은 적도 많다. 고기를 사서 구워 먹기도 하고, 스페인의 새우요리인 감바스를 만들어 먹기도 했다. 운전병 애들끼리는 각자가 가지고 있는 진귀한 식료품, 향신료, 소스, 과일 같은 물자가 많았다. 통후추, 아보카도, 납작 복숭아 같은 귀한 식재료를 가지고 음식도 맛있게 만들어 먹을 수 있었다.

운전병에게서 들은 얘기다. 티르 지역으로 가는 임무를 맡았고 시내에서 차량 경호팀과 함께 차량에서 대기 중이었다고 한다. 한 무리의 작고 귀여운 유치원생이 쪼르르 달려오더니 우리 차량과 부대원에게 관심을 보였다. 그중 한 꼬마가 뭐라 하는 것 같아 이야기를 들어보려고 창문을 내렸다고 한다. 그 아이가 한 말은 지금까지도 잊을 수 없는 말이었다고 한다.

"Don't forget we love UNIFIL! (우리가 유니필을 사랑한다는 것을 잊지 마세요!)"

단순한 말이었음에도 충격을 받았다고 한다. 그 말이 생각을 바꾸어 놓았기 때문이다. '내가 하는 일은 운전하는 일이지만 내가 여기에 있다는 것만으로도 레바논 아이들이 안전하게 공부할 수 있구나.' 라고 본인 임무에 대해 다시 한번 생각할 수 있는 계기가 되었다고 말했다. 작지만 깨달음이 있는 이야기였다. 이 글을 읽는 당신도 오늘 누군가에게 분명 도움이 되고 희망이 되는 일을 하는 사람이다. 평범하고 반복하는 일상이겠지만, 이런 하루를 살고 있다는 것에 감사함을 느끼고 소중하게 생각 할 수 있었으면 좋겠다.

레바논 파병이 끝난 지금까지도 한국에서 운전병 친구를 만나 밥도 먹고 술도 마시며 지내고 있다. 레바논이 아니었다면 결코 만날 수 없을 소중한 인연을 만나게 된 건 정말 신기한 일이다. 소중한 사람과 레바논 파병 생활을 함께하고, 또 한국에서도 연락하고 지낼 수 있어 감사하다.

chapter 4

레바논에서 한국으로

LEBANON

파병 생활 말기 1

마지막 복병, 매너리즘

앞서 말했지만, 같은 일을 반복하면 처음 시작할 때의 단단했던 각오는 어느새 허물어지고 무뎌지게 마련이다. 이윽고 나태함과 타성(매너리즘, Mannerism)이 그 자리를 차지하는 건 어쩔 수 없기도 하다. 타성이라는 말 자체가 '항상 틀에 박힌 일정한 방식이나 태도를 보임으로써 신선미와 독창성을 잃는 일' 이므로 새로운 느낌을 잃는다는 것은 당연한 결과다. 다만 반복하는 일에, 귀찮음을 내색하지 않고 즐겁게 최선을 다하려는 모습을 추구하는 게 진정으로 성숙한 모습이 아닐까 생각한다.

시간은 정말 중요하다. 지구에서 사는 우리에게 시간은 변하지 않는 절대적이다. 아인슈타인의 특수상대성 이론에 따르면 시간은 공간처럼 뒤틀리며 변할 수 있는 차원에 불과하다고 하지만, 지금을 사는 우리에게 시간은 누구에게나 일정하고 불변하는 절대적인 기준이다. 지구에서 벌어지고 있는 이 세상의 일은 모두 시간의 흐름에 따르게 되어있다. 생명체는 시간이 흘러감에 따라 태어나고 성장하고 늙고 소멸하는 과정을 거친다. 큰 바위가 침식작용을 거쳐 모래알이 되듯이, 무생물도 시간에 흐름에 따라 모양이나 성질이 변하기도 한다.

시간 앞에서 사람은 모두 평등하다고 감히 말할 수 있다. 부자나 가난한 사람, 바쁜 사람이나 한가한 사람, 어른이나 아이나 모두 하루 24시간은 동일하다. 누구도 하루를 25시간을 사는 사람은 없다. 시간은 모두를 평등하게 만들어내는 절대적인 기준이다. 따라서 우리는 모두에게 공평하게 주어진 시간을 낭비하지 말고 계획적으로 잘 사용해야 한다.

그러나 우리는 무수한 하루 속에서 시간을 마냥 소비하며 살고 있다. 언제든 시간이 영원할 것처럼 생각하고 행동한다. 한번 가버린 시간은 다시는 돌아오지 않는다. 우리는 과거나 미래에 살고 있는 게 아니다. 바로 현재, 지금 이 순간을 살고 있다. 지나 가버리면 결코 돌아올 수 없는 귀중한 지금 이 시간을 우리는 소중히 여겨야 한다. 순간순간의 시간이 모여 지금의 내가 되고, 미래의 내가 완성되기에, 후회하지 않는 삶을 위해 시간을 귀중하게 생각해야 한다. 자기가 주체적으로 나서서 시간의 주인이 되는 삶을 살아야 한다. 우리가 시간을 주도적으로 관리하고 사용한다면, 의미 있는 삶을 살 수 있게 된다. 한 번뿐인 인생을 보다 의미 있게 보낼 수 있다면 그게 바로 성공한 인생이라 감히 말할 수 있을 것 같다.

동명부대 20진은 해외파병 기간이 다른 해외파병에 비해 2주 더 길었다. 8개월의 해외파병 기간이 총 8개월 2주로 늘어난 것이다. 다들 오랜 기간 파병으로 지치고 힘들어하는 기색이 역력했다. 그렇다고 2주간 늘어난 시간을 허송세월하며 무책임하게 보낼 수도 없었다. 나는 다시는 오지 않을 그 시간을 더 의미 있게 보내기로 했다. 주어진 시간을 잘 사용할 것인가, 아니면 그냥 흘려보낼 것인가 하는 선택의 갈림길에서, 의미 있게 보내는 편이 당연히 누가 봐도 나은 선택이었다. 달리 생각해 보니 나로서는 체중을 감량할 수 있는 시간이 2주나 더 늘어난 셈이었다. 하루하루, 운동에 열을 올렸고 읽고 싶었던 책도 더 읽을 수 있었다. 한국으로 돌아가고 싶은 마음에 마지막 2주가 더디게 흘러가긴 했지만, 그래도 의미 있게 시간을 보낼 수 있었다. 시간의 소중함을 몰랐던 과거의 나였다면 하루하루 그냥 흘려보냈을지도 모른다. 시간을 소중하게 여기게 되니 생각이 바뀌었고, 생각이 바뀌니 시간을 대하는 행동도 변화하게 되었다. 시간을 허투루 보내지 않을 수 있게 된 것도 내겐 작지만 큰 변화였다.

> "생각이 바뀌면 행동이 바뀌고,
> 행동이 바뀌면 습관이 바뀌고,
> 습관이 바뀌면 인격이 바뀌고,
> 인격이 바뀌면 운명까지도 바뀐다."

미국 심리학자 윌리엄 제임스(William James)의 유명한 말이다. 생각의 변화만으로도 인생이 바뀔 수 있다는 말은 정말 멋진 말이다. 시간을 중요하게 생각하지 않았던 사람이라면, 오늘부터 생각을 바꿔보자. 시간을 중요하게 생각하고 귀하게 여겨 효과적이고 효율적으로 사용한다면, 결국은 운명을 바꿀 수 있다. 생각을 바꾸고 마음가짐을 새롭게 하는 것이야말로 어려운 일일 수 있지만, 단지 생각을 바꿈으로써 우리는 모든 것을 할 수 있다. 생각을 바꾸고 시간을 잘 사용해서 우리 모두 의미 있고 가치 있는 인생을 살았으면 좋겠다.

AL BUSS 문화유적 탐방

레바논 파병 생활 마지막 3주쯤을 남겨놓은 시점에서 AL BUSS(알 부스)라는 고대 전차경기장을 견학할 기회가 있었다. 부대 차원의 문화유적 탐방이다.

동명부대가 위치한 티르(Tyre)지역에는 고대 로마 시대의 유물이 남아있다. 바로 전차경기장(Hippodrome)이다. 기원후 2세기에 완성되었는데 길이는 약 480m, 넓이는 90m, 최대 수용인원은 40,000명으로 규모가 상당하다. 로마 제국은 원활한 통치를 위해 거대한 여러 시설을 지었는데. 로마 제국의 엄청난 힘을 상징하듯 거대한 전차경기장이 아직도 그 위용을 뽐내며 자리를 지키고 있다.

메인 경기장인 전차 경기장은 영화 '벤허'를 연상하게 만드는 그런 모양이다. 관람할 수 있는 좌석 구간의 유적이 남아있어 그곳을 올라가 보았다. 멀리까지 봐야 전차 경기장의 트랙의 모든 구간을 다 볼 수 있었다. 많은 구간이 파괴되고 부서져 있었던 건 아쉬운 점이었지만 직선으로 달리는 구간과 180도로 회전할 수 있는 커브 구간을 보고 있자니 약 2,000년 전의 그곳의 경기가 어렴풋이 눈에 아른거려졌다. 적어도 4대 이상의 전차가 달리고 있고, 사방으로 있었던 응원석의 사람이 열광하는 모습이다. 경기장 입구에는 흔히 로마 제국의 건축양식을 떠올리게 되는 낮익은 아치 형태의 개선문이 있었고 그 앞에는 말과 전차가 입장했을 열주 도로도 있었다. 개선문은 어찌나 큰지 높이가 약 20m 정도나 되었다. 개선문 밑으로 말, 전차, 기수가 당당히 입장했을 것이다.

전차 경기장 바로 옆에는 청색 팀과 녹색 팀이 사용한 건물인 The Blue Team Club과 The Green Team Club이 있다. 호화로운 목욕탕이다. 수증기로 가득 찬 사우나 룸, 따뜻한 물로 샤워를 할 수 있는 샤워실, 차가운 방이 있어 사교의 장소였다. 전차경기장 주변에는 네크로폴리스, 즉 죽음의 도시라고 불리는 공동묘지가 있다. 어떤 것은 로마 시대의 무덤이고 어떤 것은 비잔틴 시대의 무덤이다. 여러 층으로 석관을 넣을 수 있게 해놓은 건 가족무덤이라고 한다. 한 장소에 여러 시대 무덤이 있어 달라진 매장 관습을 엿볼 수 있는데, 불행히도 많이 도굴당했다. 그렇지만 아직 발굴이 다 끝나지 않았다는 점은 놀라운 일이다. 1960년대 발굴을 마지막으로 경제적인 이유와 정치적인 상황 때문에 더 발굴하지 못하고 있다. 현재 약 10% 정도만 발굴한 상태로, 2~3m만 땅을 더 파면 고대 유적지 발굴이 가능하다고 한다. 1998년 UNESCO(국제연합 교육과학문화기구)는 이 거대한 문화유적을 보호하기 위한 특별기금을 마련하고 세계 문화유산으로 지정했다.

거대하고 웅장한 전차 경기장, 경기 시설과 넓은 유적지 외에도 송수로(Aqueduct) 같은 위대한 유산도 남아 있었다. 웅장한 문화유산을 보며 로마 시대 때부터 이어온 사람들의 생활상과 모습을 어스름하게나마 떠올려 볼 수 있었다. 짧은 일정이었지만, 레바논을 떠나기 전에 유명한 유적지를 보고 느끼고 감상할 수 있는 시간이 있다는 것만으로도 감사하게 느껴졌다. 티르(Tyre)라는 도시 전체는 고대 건축 양식과 오래된 삶의 모습을 깊이 간직하고 있다. 훌륭한 문화유산을 간직한 타임캡슐 같은 장소다. 8개월하고도 2주간의 긴 기간 동안 현지 문화체험을 오직 1차례밖에 할 수 없었던 점은 무척이나 아쉬운 일이지만, 한 번이라도 이런 기회가 있어서 얼마나 다행인지 모르겠다. 임무에 지장이 없는 범위에서, 동명부대원이 다양하고 풍부한 현지 문화체험을 할 수 있는 프로그램이 더 마련되면 좋을 것 같다고 생각해본다. 반복된 지루한 일상 업무만이 아니라 더 다양하고 많은 경험을 함으로써 한층 더 성장할 수 있는 해외파병이 되면 좋겠다.

AL BUSS 문화유적 탐방

파병 말기의 업무와 애로사항

레바논 생활이 끝나갈 때쯤 동명부대 21진이 국제평화지원단에 모였다. 긴밀하게 연락하며 레바논 생활 및 의무대 업무를 인계하는 과정이 시작했다. 다행히 우리는 평소에 어떤 약과 물자가 많이 소모되고 덜 사용하는지를 매일 파악했었기에, 인수인계 과정이 한결 수월했고, 약품 및 물자 리스트를 검토해가며 21진이 해나갈 임무에 도움이 되고자 했다.

파병 말기에 가장 문제가 됐던 일은 6월에 도착하기로 한 해상 보급 컨테이너가 늦어지는 일이었다. 정확한 이유는 모르지만 계약 업체선정 과정과 계약에 관련된 행정적인 절차의 문제로 보급이 늦어졌다고 들었다. 1년에 3회에 걸친 한국으로부터의 해상 보급은 그야말로 단비 같은 존재다. 동명부대원의 식재료, PX 판매 물품, 동명부대 행정에 필요한 물건, 현지인에게 선물로 증정하는 한국 고유의 선물 등의 물건을 받을 기회이면서 의무대에서는 신청한 약품을 보급 받을 수 있는 기회다. 6월 초에 도착해야 할 보급 컨테이너가 2달가량 늦어졌다. 즉 8월 초쯤에 도착한다는 말이었다. 그런데 레바논 세관을 통과해야 하므로 2주간의 시간이 더 걸리게 되었다. 결국은 우리의 임무가 끝나고 귀국할 시기가 될 때쯤이라야 물품을 조달받을 수 있었다.

불편한 점은 이만저만이 아니었다. PX는 원래 닫혀있어 이용을 못 하니 그렇다고 쳐도(?!) 평소 식단은 부실해졌다. 이미 가지고 있던 재료가 바닥났고 현지 조달도 한계가 있었다. 식단 메뉴 편성도 힘들어졌다. 실제로 조리 부서에서도 애로사항이 발생해서 이해해달라는 공지를 발표할 수밖에 없었다. 전 부대원은 같은 메뉴의 반복,

부실한 식사가 계속되는 걸 견뎌내는 것 말고는 달리 할 수 있는 일이 없었다. 먼 타지에서 약 300명의 인원이 부실하게 먹고 다닌다는 건 문제였다. 명색이 국가에서 파병한 군부대에서 식단이 원활하게 제공되지 않는 건 문제다.

의무대에서의 문제는 현지 대민진료 민군작전에 사용할 약품이 부족한 것이었다. 물론 약품이 모두 없다는 말은 아니지만, 주로 사용하는 약품이 부족하다는 건 문제였다. 특히 이상지질혈증에 대표적으로 사용하는 약인 스타틴 계열 약은 많이 신청해서 가져왔고 레바논에 막 도착했을 때도 많이 남아있었다. 그러나 약을 처방하다 보니 6월 해상 물자가 오기 1달 전부터 약이 모자라게 되었다. 1달간만 죄송하다는 말과 함께 진료 보기로 했다. 그러나 이게 웬걸, 해상보급 컨테이너가 2달간 지연되면서 총 3달 정도는 약을 줄 수가 없었다. 또 나중에는 감기약, 알레르기약, 어린이용 물약 등의 약품이 모자라게 되면서 많이 사용하던 약이 상당수 부족한 현상을 겪었다.

현지인 환자도 처음에는 약이 없다는 걸 이해하고 해상 보급을 기다려보자고 하는 말에 수긍하고 돌아갔다. 그러나 해상보급이 늦어지면서 결국에는 서로가 난감해지는 상황에 다다랐다. 약이 없으니 진료를 보는 나도 난감! 약이 없다는 걸 설명하는 현지 통역인도 난감! 약을 받지 못해 건강에 문제가 생기게 될 환자도 난감! 했다. 없으면 없는 대로 하기엔, 매일 있는 2달간의 현지 의료지원 민군작전은 서로가 힘든 상황이었다. 전체 약이 다 없으면 얼굴에 철판을 깔고 아예 진료를 안 하겠다고 선언할 수라도 있지, 그래도 다른 약은 처방해서 줄 수 있으니 현지 의료지원 대민진료를 안 할 수도 없는 것이었다. 약품이 없는 상황에 대해 약한 불만을 표시하거나 이해할 수 없다는 반응을 보인 환자도 간혹 있었지만, 대부분은 체념하고 돌아갔다. 없는 약은 없다고 설명하면서 환자를 돌려보내야 하는 마음이란, 의사 입장에서는 착잡하다. 많은 환자를 돌려보내야 했기 때문이다. 또 아이들을 돌려보내면 마음은 더 착잡했다. 성인보다 더 잘 치료해야 할 성장기에 있는 아이들에게 약이 없어서 줄 수 없었던 걸 생각하면 아직도 마음이 짠하다.

우리가 임무를 마치고 한국으로 떠나는 날쯤에 도착하기로 한 보급 컨테이너는 우여곡절 끝에 파병 종료 일주일을 남긴 시점에 도착했다. 보급 컨테이너 도착 후 모든 것이 풍족해졌다. 그간 부족한 약품이 한 번에 채워졌다. 의무 물자가 풍족해진 것도 환영할 만한 일이었지만 가장 눈에 띄는 변화는 식단이었다. 매 끼니 김치가 나왔다. 그간 김치를 못 먹고 지냈는데 아삭하고 개운한 김치를 먹으니 입맛이 돌았다. 냉면과 비빔면도 나왔다. 특히 만두가 많이 나와서 좋았는데 개인적으로 만두를 좋아하기 때문이다. 나중에 알게 된 사실이지만 보급 컨테이너를 열어보니 특히 만두의 유통기한이 거의 임박했다고 했다. 만두를 빨리 소비해야 했다. 화물 보급 컨테이너가 늦게라도 도착하면 별다른 문제가 없을 줄 알았는데, 도착하고 나니 유통기한 때문에 우리가 문제를 떠안게 되는 상황이 발생할 줄은 몰랐다. 늦어진 보급 때문에 또 다른 문제가 생겨버린 거였다. 보급 컨테이너가 늦어져 많은 사람이 피해 보고 힘들었다. 모든 분야가 마찬가지이겠지만 중요한 일은 준비를 철저히 해서 어긋남이 없어야 하겠다.

지난하고 길었던 귀국길

254일의 긴 해외파병 생활을 마치고 드디어 복귀하는 날이 다가왔다. 헤어짐은 또 다른 출발이지만 늘 언제나 그랬듯, 함께 했던 사람들과 헤어지는 일은 슬프다. 복귀하겠다는 신고식을 하면서 온갖 생각이 주마등처럼 지나갔다. 베이루트 공항에서 차를 타고 동명부대로 내려 멋모르고 처음 신고식을 했던 장면이 지금 똑같이 펼쳐졌다. 다만 전에는 레바논에 도착했다는 내용이었다면 오늘은 한국으로 떠나겠다는 내용만 바뀌어 있었다. 복귀 신고하는 1제대 인원은 연병장에서, 레바논에 남아서 일주일 뒤에 복귀하게 될 2제대 인원은 사열대에서 각자 서로 거수경례로 작별의 인사를 했다. 레바논 해외파병전 환송식 때 느꼈던 복잡 미묘한 감정이 똑같이 들었다. 먼저 두고 떠나는 미안함, 같이 떠나지 못하는 아쉬움, 집에 간다는 설렘, 임무를 완수했다는 후련함, 8개월하고도 2주간 정들었던 추억이 남아있을 부대에 대한 애틋함 같은 감정이었다. 내가 레바논에 무엇을 해주었나? 반대로 내가 과연 레바논에서부터 얻은 건 무엇이었나?

석별의 정을 마치고 밤 9시가 넘어서 부대 밖을 나섰다. 21진 1제대가 레바논으로 도착한 비행기를 20진 1제대가 다시 타고 한국으로 복귀하는 일정이다. 베이루트 국제공항에 도착했다. 약 8개월 전 공항 내에 있는 UN군 대기 장소에서 똑같이 대기하다가 입국장으로 들어갔다. 대기하던 장소는 처음과 다르지 않았다. 멀리 보이는 언덕배기 건물의 반짝이는 야경은 이전과 그대로였다. 배낭을 메고 돌아다니다 보니 피로가 몰려왔다. 집에 간다는 해방감에 긴장이 풀어졌기도 했지만 이미 시각은 취침 시각을 한참 벗어난 뒤였다. 비행기의 예정 출발 시각은 새벽 4시 30분이었다. 배고프고 졸리고 찝찝해진 몸은 삼중고였다. 다들 녹초가 되어 공항 탑승 장소에서 하나둘씩 잠이 들었다. 의자에 앉아서 조는 사람, 여러 개 붙은 의자를 침대 삼아 편히 누워 자는 사람, 아예 카펫이 깔린 바닥에 누워 자는 사람, 가지각색이었다. 나도 모르게 스르르 눈이 감기며 꾸벅꾸벅 졸다가 눈떠보니 이미 출발 시각을 넘어선 시각이었다. 날씨도 화창하고 타고 복귀할 비행기도 공항에 탑승구에 대기하고 있는데 도무지 게이트 입구는 열릴 생각이 없었고 심지어는 공항 직원조차도 보이지 않았다. 대기하는 시간이 길어져 다들 퀭한 눈으로 혼이 빠져나가고 있었다.

기다림의 설렘이 지겨움이 되고 분노로 바뀌어 갈 때쯤, 출발이 지연되고 있는 이유가 들렸다. 비행기가 한국으로 가기 위해서는 키르기스스탄(Kyrgyzstan)이라는 나라의 영공을 지나야 하는데, 어찌된 일인지 항로가 허가되지 않아 해결 절차를 밟고 있다는 내용이었다. 항공기가 이동할 수 없는 항로 때문에 100명이 넘는 인원이 공항에서 9시간 넘게 노숙을 하고 있었다. 허가가 날 때까지 하염없이 기다릴 수밖에 없었다. 기약 없는 기다림에 사람들은 하나둘씩 지쳐 쓰러졌다. 강인한 특전사도 달려드는 피로 앞에서는 쓰러지는 것 이외에 방법이 없었다.

아침 10시경 기쁜 소식이 들렸다. 오후 1시쯤 비행기가 출발할 수 있다는 것이었다. 지연된 출발시각 때문에 도착 다음 날의 해외파병 귀국 환영식과 해단식이 취소되었다는 사실도 함께였다. 오후 2시가 넘어서야 직원이 나타나고 기장과 스튜어디스가 비행기 곁으로 오면서 비로소 입장이 시작되었다. 비행기가 한국에 도착할 시각쯤에 비로소 레바논에서 출국할 수 있었다. 약 13시간 정도를 공항에서 대기했던 셈이다. '끝날 때까지 끝난 게 아니다'라는 말처럼 해외파병 임무를 마치고 복귀하는 순간도 평탄하게 쉽게 끝나지 않았다. 집으로 돌아가는 게 이렇게나 어려운 일이었나 하는 생각이 든 인고의 시간이었다.

공항에 도착하고 비행기에서 내려 바로 신체검사를 위해 병원으로 향했다. 혈액검사, 소변검사, 엑스레이 검사 같은 간단한 검사를 끝냈고 해단식 없이 그렇게 파병 생활이 공식적으로 모두 끝났다. 길고 긴 시간이었다. 한국으로 돌아왔다는 환영식과 동명부대 해단식이 없었던 게 아쉽기도 했지만, 어쩔 수 없는 일이었다. 고생했던 부대원과 정식 인사도 일일이 하지 못한 채 서로 뿔뿔이 흩어졌다. 거의 9개월 만에 돌아온 한국과 집은 낯설고 어색했다. 그동안 레바논에서 오래 살았다면 살았다고 말할 수 있는 탓이었다. 하지만 얼마 지나지 않아 불과 몇 시간 만에 이내 익숙해지고 편안해졌다. 우리나라, 내 집이 가져다주는 안정감이 이렇게나 큰지 새삼스럽게 깨달았다. 그날 저녁엔 부모님도 뵙고 가족끼리 조촐하게 저녁 식사도 했다. 이렇게 보내는 시간이 소중했다는 사실을 미처 몰랐다. 오랜 파병 생활 후에야 느낄 수 있었던, 가족이라는 울타리 안의 행복이었다.

꿈같은 한 달 휴가 2

UN headquarter 감회

한국 귀국 후 해단식이 끝나면 해외파병 임무는 비로소 끝이 난다. 물론 한국에서 새로운 부대에 배치되기 전까지는 UNIFIL 소속이긴 하지만, 적어도 해단식 후에는 공식적인 해외파병 임무를 수행하는 건 아니다. 해단식을 하면 그와 동시에 1달간의 황금 같은 포상 휴가가 시작된다. 앞서 말했지만, 동명부대 20진부터 해외파병 중에 휴가 일수를 차감하는 형식으로 레바논에서 휴가를 다녀올 수 있게 되었다. 나는 1달간의 휴가를 최대한으로 사용하길 원했기에 레바논에서 꾹 참아가며 휴가를 가지 않았는데 한국에 도착하고 나서 1달간의 휴가를 받고 나서야 비로소 실감이 났다. 레바논에서 휴가를 가는 부대원을 부러운 눈으로 바라봤었는데, 지금은 그 반대였다. 레바논에서 휴가를 가지 않았던 일이 빛을 발하는 순간이었다.

앞으로 살 내 인생에서 1달 내내 온전히 사용할 수 있는 휴가 기회는 다시 오지 않을 것을 너무나도 잘 알고 있었다. 1달간의 소중한 기회를 헛되이 보낼 수는 없었다. 몇 년 전부터 유행하고 있는 한 달 살이 여행을 목표로 휴가계획을 세웠다. 내가 선택한 장소는 세계의 수도, 세계의 심장이라 할 수 있는 바로 뉴욕시(New York City)였다. 뉴욕시는 한 번도 가본 적도 없을뿐더러 막연하게 동경하던 도시였다. 뉴요커(New Yorker)로 부르는 뉴욕 시민 사이에서 한 달간 같이 부대끼며 살 희망에, 지루하고 힘들었던 레바논 파병의 마지막 시기를 잘 보낼 수 있었다.

뉴욕 여행 중 맨해튼 동쪽 끝에 있는 UN본부(UN headquarter)도 방문했다. UN 본부에 들어갈 때, 레바논에서 발급받았던 UN 신분증 카드를 보여주자 UN 직원의 환대를 받을 수 있었던 건 덤이었다. 한국 UN 직원의 안내에 따라 UN 회의장을 구석구석 돌아보면서 비로소 내가 레바논에서 어떤 일을 했었는지를 실감할 수 있었다. 거기서 UN 평화유지활동(PKO) 활동내역을 보니 감개가 무량했다. 내가 썼던 블루헬멧을 쓰고 평화유지활동(PKO)을 해왔던 몇십 년 전의 평화유지군과, 지금도 그 임무를 수행하고 있는 사람 중 하나가 나였다. 평화유지활동(PKO)이 세계의 평화에 도움을 줬다는 사실과 나도 저들의 일원이었다는 사실이 새삼 자랑스러워졌다. 작은 도움이었겠지만 마음이 뿌듯해졌다. UN 본부 투어는 나에게 새로운 느낌으로 다가왔다. UN 소속으로 임무를 마치고 보는 UN 본부 투어의 의미는 전혀 새로운 것이었다. 그 자체가 감동이었다. 온몸이 느끼고 전율했던 UN 본부 투어는 아직도 잊을 수 없다.

UN 본부 투어 이외에도 UN과의 인연으로 이어진 일이 있다. 미국에서 숙박은 빠듯한 경비 때문에 에어비앤비(Airbnb)라는 공유 숙박 플랫폼을 통해 저렴한 곳을 알아보았다. 맨해튼 내에서 장기간 숙박을 하려고 찾아보니 쉽지가 않았다. 가격, 시설, 위치, 기간이 맞는 걸 찾는 게 말처럼 쉬운 일이 아니었다. 신청, 예약, 취소가 4~5차례 반복되다가 이윽고 숙박할 한 집을 찾았다. 중년 아프리카계 미국인 여성 집에서 장기간 공유 숙박을 이용하기로 결정했다. 그런데 그 위치는 맨해튼 내 이스트 할렘이었다. 말로만 듣던 악명 높은 할렘가였다. 잔뜩 긴장하고 갔는데, 다행히 낮엔 위험하진 않았다. 주소 받은 위치로 갔고 집 문을 두드렸다. 집주인인 아주머니는 따뜻한 미소와 친절로 맞이해 주었다. 집은 깨끗했고 아파트는 꽤 생각보다 넓었다. 군데군데 아프리카 관련 그림과 인형들이 놓여있었다. 원래부터 살던 뉴욕 시민이 아니라 뉴욕으로 이주해서 사는 사람인 걸 알 수 있었다.

하루가 지나고 다음 날 저녁에 일찍 귀가했더니 마침 주인아주머니가 집에 있었다. 같이 저녁 먹을 것이냐는 말에 먹겠다고 대답하면서 슬쩍 이야기를 꺼냈다.

"뉴욕에 살게 된 계기가 있나요?"

그랬더니 자기가 살아온 인생이야기를 하는데 글쎄 UN 직원이었다는 말이었다. 게다가 UN 본부에서 30년간 일을 했고 현재는 은퇴했다고 했다. 현재는 경력을 이용해서 중독자들을 치료하는 봉사활동을 하고 있다는 말도 덧붙였다. UN 본부라면 바로 전날에 내가 방문했던 곳이었다. 거기다가 나도 UN 평화유지군 소속으로 UN 직원으로서 일을 끝마치고 휴가를 받아 온 것이었다. 할렘가의 한

아파트에서 UN 동료들끼리 만난 셈이 되었다. 그날 이후로 아주머니는 나를 살뜰히 챙겨주었다. 아침에 집을 나서기 전 항상 커피를 마실 수 있게 해줬고, 잘 지낼 수 있도록 세심하게 챙겨줬다. 9.11 당일에 아침에 TV를 보여주며 9.11을 추모하는 행사를 매년 한다는 것도 알려줬고, 편하게 지낼 수 있도록 배려해줬다. 마지막 그 집을 떠나는 날 잘 지내라는 편지를 써주고 선물도 나눴다. 우연히 UN 동료였던 아주머니를 만난 건 굉장한 행운이었다.

지금까지도 그 아주머니와 메일을 주고받으며 연락하고 지낸다. 서로의 안부를 묻고 가족 건강을 챙긴다. 인연이 계속 이어져 2019년도 봄에는 뉴욕으로 공부하러 가는 한국 친구를 소개해 주기도 했다. 다음번 뉴욕에 오면 꼭 들려서 똑같이 자기 집에 머물러 줬으면 좋겠다는 말을 종종 하곤 한다. 만일 나에게 다시 한번 뉴욕에 가는 행운이 찾아온다면, UN으로 엮인 소중한 인연을 만나보고 싶다.

영어는 중요하다

나는 전형적인 이과생이다. 수학과 과학은 명확하게 논리적이라서 공부도 재미있고 곧잘 따라가곤 했지만, 국어와 영어는 완전 젬병이었다. 원래 소질이 없다는 말이 맞는 건지 모르겠지만, 어쨌든 확실히 못 했던 건 맞다. 언어에 대한 감각과 센스가 부족한 편이다. 영어는 의사가 되기 위해 배워야 하는 의학 영어만 하는 수준으로 겨우겨우 공부했고 그 이후로는 영어 공부란 걸 해본 적이 없었다.

레바논 파병에 합격하고 영어로 진료 봐야 하자, 당장 영어가 급해졌다. 파병 가기 두 달 전부터 회화를 시작했다. 입도 뻥긋 못했던 내가 레바논에서 조금씩 영어를 사용하게 됐고 지내는 시간이 길어질수록 가랑비에 옷 젖듯 조금씩 영어가 늘었다. 스스로 단어나 패턴을 공부하기도 했지만 시간이 흐르면서 영어가 조금은 자연스러워졌다.

해외파병 종료 이후에도 전화 영어를 통해 지금까지도 영어 공부를 하고 있다. 여전히 정체 상태지만, 사용하지 않으면 곧 잊어버리기에, 꾸준히 하는 중이다. 조금 더 마음 쓰고 잘하려고 노력하다 보면 언젠가는 더 자연스럽게 영어를 말하고 듣고 할 수 있는 날이 오지 않을까 하는 막연한 기대를 해본다.

또 전화 영어만으로는 부족하다고 느껴 영어 발표 훈련을 하는 모임에 참석해서 매주 영어를 하고 있다. 모임에 참석하면 영어를 사용한다. 영어로 발표하고 대중 앞에서 스피치 하는 능력을 길러, 리더십까지도 함양하는 것이다. 10～40명 정도가 지켜보는 작은 공간에서 대본이나 글을 읽지 않고 이야기를 풀어간다는 것도 쉬운 일이 아니다. 게다가 한국어도 아니고 영어로 떠든다는 건 정말이지 사전에 준비가 없이는 절대 해낼 수 없다. 식은땀이 나고 머리가 핑 돌며 어지러워지지만, 점차 영어에 적응해서 그런 상황이 익숙해졌으면 좋겠다. 꼭 언젠가는 영어로 자연스럽게 의사소통 할 수 있는 때가 왔으면 좋겠다.

언어를 배워야 하는 이유

생각해보면 언어를 듣고 말하고 이해하고, 글을 읽고 쓰는 행위는 정말 대단하다. 평소 숨 쉬는 공기의 고마움을 쉽게 깨닫지 못하고 숨 쉬고 살고 있듯이, 의사소통도 마찬가지다. 일상생활에서 언어와 문자를 이용해서 의사소통하는 건 너무나도 자연스럽고 당연하기 때문이다.

레바논 문맹률은 약 6.1%이다. 즉 15세 이상 인구 중 읽고 쓸 수 있는 인구는 전체의 약 93.9% 정도다. 중동에서는 이스라엘과 함께 가장 높은 문자 해독률이다. 그렇지만 레바논에서 현지 의료지원 민군작전 진료를 하다 보면, 글을 읽지 못하는 사람을 생각보다 많이 만나게 된다. 현지 통역인도 차트에 쓰인 환자의 이름을 읽으며 환자 본인이 맞는지 두 번, 세 번 묻는다. 환자가 들고 온 차트에 본인의 이름이 쓰인 게 맞는지 환자 본인은 알 수가 없기 때문이다. 글을 쓰거나 읽지 못해서 누군가의 도움을 받아야만 의사소통을 할 수 있다는 것이 얼마나 불편한 일인가. 한번 본인이 글을 모른다고 해보자. 당장 생활에 불편을 느끼는 점이 한둘이 아니다. 반대로 생각해보면 아무런 도움 없이 대화하고 읽고 쓸 수 있는 건 별일 아닌 일이면서도 대단한 일이다.

나는 레바논 현지 의료지원 민군작전에서 말하고 듣고 읽고 쓰는 것에 새삼 감사함을 느꼈다. 정말 인간만이 가질 수 있는 특별한 능력이다. 이렇게 생각해보면 이 글을 읽고 있는 여러분은 정말 행복하다. 감사해야 한다. 그런데 우리는 이런 특별한 능력을 너무도 아무렇지 않게 낭비한다. 마치 당연한 것처럼 생각하고 그냥 말하고 읽는 걸 소비한다. 말하고 듣고 읽고 쓰는 능력이 소중하고 귀한 것이니 그런 능력을 그냥 흘려보내지 않았으면 좋겠다. 언어와 기호를 소중하고 귀하게 생각해보자. 매개체인 문자, 언어가 특별하게 느껴질 것이다. 그러면 그 속에 담긴 뜻도 특별해진다. 내용과 의미가 특별하게 여겨질수록 그것에 대해 사고하는 능력도 향상한다고 생각한다. 모르긴 몰라도 아마 그 과정에서 뇌 안에서 신경세포 사이사이 시냅스의 연결도 강화될 것이다.

우리는 사람이다. 사람은 생각하는 능력으로 현재 지구의 패자로 군림하고 있다. 생각할 수 있는 도구가 바로 언어와 문자 체계다. 이를 이용해서 현재의 우리가 되었듯이, 언어와 문자 체계는 우리의 생각의 폭을 무한히 넓혀주고, 꿈꾸고 먼 곳을 향해 나갈 수 있게 해줄 것이다.

사실 다른 언어를 배우는 건 살면서 그다지 중요하지 않을 수 있다. 모국어로 이야기하며 살아도 전혀 지장이 없다. 모국어를 잘하는 것도 탁월한 능력이다. 우리는 우선 모국어를 잘 구사하고 발전시키려는 노력해야 할 필요도 있다. 만약 평균 이상의 모국어 수준을 길렀다면 이제는 외국어를 공부하고 배울 기회다. 우리는 더 나은 사람이 돼야 하고 자기 성장을 하며 조금씩이라도 자라야 한다.

언어를 학습한다는 것이야말로 자기 생각의 틀을 넓히고 깊게 만들 방법이라고 생각한다. 사람은 생각한 걸 언어로 풀어내기도 하지만 반대로 언어라는 도구를 가지고 생각하기도 한다. 언어가 사고할 수 있는 틀이 되고 거꾸로 생각을 지배할 수도 있기에 외국어를 배운다는 건 생각하고 사고할 수 있는 무기를 더 획득하는 셈이다.

아까 현지 의료지원 민군작전에서 글을 못 쓰거나 못 읽는 현지인이 많다고 했다. 반대의 경우인 사람을 딱 한 명 봤다. 어느 중년의 아주머니였는데, 진료를 보러 오자마자 대뜸 인사를 했다.

"안녕하세요? 반갑습니다."

한국말로 말하는 것이었다. 간단한 한국 인사말 정도야 할 수 있겠거니 하고 진료를 시작했다. 진료하다 보니 그 아주머니가 영어도 할 줄 안다는 걸 알게 되었다. 통역을 거치지 않고 영어로 진료를 보기 시작하자 수월해졌다. 더 웃긴 건 영어로 물어봤는데 아주 간단한 한국말로 대답도 하는 것이었다. 이런 사람을 만난 건 드문 일이라 진료 보면서 도대체 어떻게 다양한 언어를 할 수 있냐고 물어봤다. 평소 언어에 관심이 많아서 현재 한국어, 독일어를 포함해서 4개 국어를 공부하고 있다는 대답이 돌아왔다. 아주 놀라웠다. 순간 아주머니가 한편으로 다르게 보이기 시작했다.

보통 현지 의료지원 민군작전에 진료를 보러 오는 현지인은 레바논 현지 병원에 가지 못할 정도의 경제 수준에 처해 있거나 시간적 여유가 없는 환경에 있는 사람이 많다. 어떤 사람이 처해 있는 환경이 좋지 않다고 해서, 그 사람 자체를 환경적 요인으로만 판단해서는 안 된다. 특히 배움과 학습에 대해서 환경적 요인은 정말 중요한 것이 아니다. 배움에서는 배우고자 하는 동기와 열망이 가장 중요하지, 환경이나 부수적인 요소는 중요하지 않다.

이후로 현지 의료지원 민군작전에서 현지인 환자를 볼 때 간단한 아랍어라도 구사하면 좋겠다는 생각이 들기 시작했다. 아주머니를 보고 든 생각이기도 하지만, 현지인들의 마음을 움직이고 감동하게 하려면, 현지인이 사용하는 말을 하면 좋겠다는 생각이 들었다. 환자에게 간단한 인사말 외에 다른 말이라도 아랍어로 해보자는 결심이 섰다. 우선 현지 통역인이 하는 말 중에서 같은 단어가 계속 반복되는 말을 터득하기로 했다. 또 많은 환자가 공통으로 말하는 단어를 확인해보기로 했다. 환자 한 명 한 명 진료가 끝날 때마다 현지 통역인에게 그 단어는 무슨 뜻이냐 물어보고, 영어로 발음을 써달라고 했다. '안녕하세요', '감사합니다', '신의 가호가 있기를', '좋아질 겁니다', '미안합니다', '없어요', '발열' 등등의 간단한 단어 수준의 아랍어를 비슷하게나마 말할 수 있었다.

요즘엔 4차 산업혁명이라고 해서 기술이 발전하다 못해 여러 분야가 핵융합처럼 서로 만나 거대한 폭발을 일으키고 있다. 조만간 모든 언어에 대한 통역을 실시간으로 할 수 있는 기계가 나올 거라고도 한다. 아니, 지금만 하더라도 번역을 해주는 애플리케이션이나 인터넷이 있다. 생각한 바를 모국어로 표현하면 해당 언어로 즉시 세련되게 번역해준다. 심지어는 다른 나라 언어로 쓰인 문서나 포스터 같은 안내문을 사진으로 찍으면 그 자체를 번역해서 한 번에 보여주기도 한다.

그러나 기술의 발전은 발전이다. 발전하는 것만 믿고 배움을 게을리 할 수는 없다. 한 번 정도는 외국어 공부에 관심을 가졌으면 좋겠고 외국어 배우기를 권유하고 싶다. 영어도 아직 많이 미흡해서 공부해 나가야 할 길이 멀지만, 조금 더 잘하게 된다면 나중에는 중국어, 일본어, 스페인어같이 다른 언어를 배우는 데에도 감히 도전해보고 싶다. 외국어를 배우는 걸 스트레스로만 여기지 말자. 잘 못 해도 좋으니 일단 시작이라도 해보자. 처음부터 잘하는 사람은 없다. 하다 보면 반드시 실력은 늘게 마련이다. 외국어를 말하고 들으면서 즐거움을 느끼고 생각의 폭을 넓혀 나가자. 꼭 내가 하고 싶은 말이다.

돌아온 조국, 남은 이야기들 3

레바논의 위험한 정세

동명부대에서 생활하는 8개월은 생각보다 안전한 편이다. 부대 내외를 24시간 감시하고 위협상황을 식별하는 동명부대원이 있기 때문에 적어도 동명부대 울타리 안에서 지내는 건 굉장히 안전하고 또 안정적이다.

개인적으로 파병 기간 동안 레바논이 위험하다고 느끼지 않고 지내왔다. 내 임무는 위험에 노출될 만한 일이 아니다. 그러나 동명부대 외부로 눈을 돌리면 레바논 곳곳에서 테러나 군사적 움직임은 상당히 많이 발생한다. 레바논에서 발생한 테러 첩보는 한 달에도 수십 차례까지 동명부대로 날아오곤 한다. 레바논 북부나 남부 가릴 것 없이 자살폭탄 테러도 발생했다. 동명부대 작전지역 내로 이동하는 테러의심차량을 식별하기도 한다. 실제로 레바논군이 테러 용의자를 체포하기도 한다. 동명부대와 고작 50㎞ 정도 떨어져 있는 골란고원에서 이스라엘이 시리아 무인기를 격추하기도 하고 보복 공습도 이어진다. 또 해외파병 3월에는 이스라엘 전투기가 시리아 수도 다마스쿠스 인근 군사 지역을 폭격했고, 시리아의 방공시스템이 이스라엘 전투기와 미사일을 요격하기도 했다. 또 4월에는 미국, 영국, 프랑스가 시리아 정부의 화학무기 관련 시설을 공습했고 시리아의 대응이 있으면서 전쟁으로 격화되는 분위기가 만들어지기도 했다.

특히 2018년 5월 초에는 레바논 총선이 있었다. 선거철을 맞이해 이미 선거 몇 주 전부터 지역 사람들이 예민해진다. 예민해진 민심은 UNIFIL 에도 영향을 미친다. 신이 내린 선물이라는 동명부대도 그 영향을 완전히 피해갈 수 없다. 고정감시, 기동정찰, 도보정찰 같은 임무에 투입되는 인원은 예민한 민심을 몸으로 느낀다. 이 시기에 동명부대에서 운용하는 '바라쿠다'라는 장갑차에 과일이나 돌을 던지는 사람이 있었다고 한다. 심지어는 오렌지에 얼굴을 맞은 부대원도 있다. 이 정도의 일은 가벼운 사건에 해당하는 일이라고 하는데, 이런 일도 있다. 그래도 동명부대는 평판이 좋고 신뢰를 받고 있어서 큰 사건으로 번지지 않았지만, 다른 부대는 이야기가 다르다고 한다. 들은 이야기로는 이탈리아 대대에서는 총을 든 무장 세력이 선거철에 위협을 가하기도 했단다. 국제적으로 이슈가 되는 사건 이외에도 잘 알려지지 않은 민감한 사건이 레바논과 중동 땅에서는 계속되고 있다.

모두에게 상냥할 수 없고 모두가 우호적일 수는 없다. 국제적인 민감한 사건과 레바논 현지 주민과 겪는 문제 속에서도 자신의 임무를 묵묵히 해나가고 있는 동명부대원이 있다. 그들의 노고에 늘 감사하는 마음이다. 모든 파병부대원이 대한민국의 국민으로서, UNIFIL의 일원으로서 본인의 임무를 잘 해내고 있어 대한민국 해외파병이 지금까지 훌륭한 성과를 내고 있다. 모두 힘내서 해외파병 생활을 무사히 마치고 돌아오기를 바란다.

한국 친구의 반응

해외파병을 다녀오고 나서 한국에서의 일상생활이 시작됐다. 그간 만날 수 없었던 친구를 만나고 이야기를 나눴다. 당연히 대화 주제는 레바논 파병 생활이었다. 내 주위에 해외파병을 다녀온 사람은 나 말고는 없었다. 나도 군 생활 중 우연히 좋은 기회가 닿아 다녀올 수 있었기에 해외파병을 경험한 사람은 내 지인 주변에도 전무했다. 해외파병이라는 형식 말고 레바논이라는 나라를 여행으로 방문한 사람도 내 주위에는 없다.

레바논 생활을 하며 찍은 사진을 보여주며 대화를 하면 한결같이 새로운 경험에 부러워하는 눈치다. 고생했다, 수고했다, 멋지다 같은 말과 함께 부러워하는 반응이 대다수다. 이런 반응 외에도 대부분 하는 말이 꼭 있다.

"갇혀 지내서 엄청 고생했겠다."

동명부대 및 합동참모본부 차원에서 부대원의 안전을 고려한 방침이지만, 이동의 자유가 박탈된 8개월간의 생활이 힘든 건 부정할 수 없다. '무사고와 안전 그리고 자유' 이 사이에서 균형을 잘 유지하는 게 정말 힘들고 어려운 일이겠지만 균형감이 어느 한쪽으로 쏠

리지 않도록 해야 할 것 같다고 생각했다.

고마움과 변화된 삶

해외파병이 종료하고 한국에서 생활해보니 그간 느끼지 못했던 편리함에 감사할 수 있게 되었다. 몸으로 가장 크게 느낀 편리함은 바로 교통이었다. 우리나라의 대중교통은 정말 편하고 깨끗하다. 다른 나라 대도시에 비하면 저렴한 대중교통 가격과 환승 시스템으로 어디든 쉽고 빠르게 갈 수 있다. 도로와 길거리 환경도 완벽하다. 아스팔트도 제대로 깔려 있고 큰 도로 옆에는 안전하게 통행할 수 있는 인도도 있다. 정말 깨끗하고 쾌적하다. 동명부대가 있었던 레바논 남부의 교통망과 교통 시스템을 경험하고 나니 우리나라의 교통은 정말 편리하고 깔끔하다는 것에 감사함을 느낄 수 있었다.

교통 외에 충격을 받은 건 바로 통신이었다. 레바논 파병 전에는 한국에서 사용하는 통신 속도가 당연한 줄 알았다. 레바논에서 통신을 사용하고 인터넷을 하는 데 큰 불편함은 없었다. 사용할 만큼의 속도가 나왔고 느려지고 끊기는 데 적응하기도 했기 때문이다. 또 내가 원래 오프라인(Offline) 생활 형태에 더 익숙하다는 이유도 있었다. 한국에 도착하자마자 정지했던 통신을 해제하고 가족과 지인에게 연락했는데, 신속함에 깜짝 놀랐다. 스마트폰으로 인터넷을 사용했는데 그 속도도 정말 빠르다는 걸 몸으로 먼저 감지할 수 있었다. 한국에서 LTE를 쓰는 게 아니었는데도 불구하고, 레바논에서 사용하던 LTE보다도 훨씬 빨랐다. 레바논에서 사용했던 LTE가 진짜 LTE인가 싶을 정도였다.

이외에 우리나라의 길거리와 세련된 건물은 최첨단을 달리고 있다는 느낌을 받았다. 차를 타고 달리는 길거리 풍경을 보고 있자니 마치 미래 시대로 넘어와 있다는 착각이 들 정도였다. 또 우리나라는 물질적으로 풍요로운 편이다. 우리나라 사회 전반적으로는 풍요로움을 영위하고 있다고 감히 말할 수 있다. 6.25 전쟁 후 고작 80년 정도 지났을 뿐인데, 우리나라는 가장 못살던 나라에서 세계 6위의 수출 대국, 세계 10위권의 경제 대국으로 급성장했다. 세계에 유례가 없는 일이다. 넘쳐나는 물건, 풍요로운 먹거리, 부족함 없이 생활할 수 있는 환경이 갖춰진 게 우리나라다. 레바논에서의 삶은 우리나라가 새삼 대단한 나라라는 것을 깨닫게 해준 자극이다.

한국에서 긍정적인 변화를 느낀 것도 있었다. 바로 카페에서 일회용 플라스틱 컵을 사용하지 않는 것이었다. 흔히 테이크아웃(Take out)이라고 말하는, 가져가서 먹는 형태를 이용할 때는 어쩔 수 없이 플라스틱 컵을 이용하지만, 적어도 매장에서 음료를 마실 때는 일회용 컵을 사용하지 않고 머그잔을 사용하게 된 것이다. 환경부와 정부 차원에서 플라스틱 컵을 포함한 일회용품의 사용을 줄이기로 한 것이었다.

환경을 생각해서, 그리고 우리 인류를 생각해서라도 일회용품 사용, 플라스틱의 사용은 반드시 줄여야만 한다. 카페에서부터 일회용 플라스틱 컵 사용을 줄이고 머그잔을 사용하는 일은 전적으로 찬성할 만한 일이다. 이런 조그마한 실천이 작지만 큰 변화라고 생각한다. 일회용 플라스틱 컵을 사용하기보다 머그컵을 선택하기로 한 것처럼, 다른 분야에서도 가능하면 일회용품과 플라스틱의 사용을 줄일 수 있다면 좋겠다.

해외파병을 다녀오고 나서 내 삶에서 달라진 점이 있다. 바로 기부다. 지금까지 살아오면서 원래 기부를 해 본 적은 없었다. 그러다가 군에 입대하면서부터 기부를 시작하게 되었다. 군부대에서 불우한 장병을 지원해 주는 프로그램이 있다는 걸 알게 되고부터였다. 군의관으로 군에서 장병을 면담하다 보면, 정말 가정환경이 어렵고 힘들게 사는 친구들이 많다는 걸 알 수 있다. 중대한 결격사유가 없는 대한민국의 성인 남성이라면 누구나 병역의 의무를 진다. 살아온 환경이 전혀 다른 성인 남성들이 전국 각지에서 모인 곳이 군대다. 생면부지의 사람과 친해져야 하고 살을 부대끼고 지내야 한다. 정말 다양하고 특이한 환경에 처해 있는 장병이 많다. 어려서부터 불우한 가정환경이나 사회 환경에서 자라온 장병도 있고 부양해야 할 가족을 집에 남기고 어쩔 수 없이 군에 입대한 장병도 있다. 처음으로 임관하고 군의관으로 배치받은 부대에서 불우한 장병을 많이 만나게 되었다. 어려운 상황에 있는 장병이 국방의 의무를 위해 군부대에 있는 걸 보니 안쓰러운 마음이 들었다. 월급에서 일정 부분을 불우한 장병을 위해 기부하기로 했다. 그게 기부의 첫 시작이었다.

이번에 레바논으로 해외파병을 다녀오고 나서도 비슷한 감정을 느꼈다. 레바논의 열악한 환경과 그 속에서도 밝게 자라나는 아이들과 씩씩하게 살아가는 사람을 보면서 뭔가 작은 도움이라도 줄 수 있는 기부를 시작하기로 했다. 파병 종료 후에 UN 난민기구(UNHCR)에 기부를 시작했다. 우선 내가 보고 듣고 알고 있는 분야에서부터 기부를 시작해 나가보는 게 좋겠다는 의미에서다. 많은 돈이 아니라 말하기가 부끄럽지만, 적은 돈이라도 난민 생활로 고통받는 사람들에게 도움이 된다고 생각하니 기부를 꾸준히 하게 된다. 내 기부가 꼭 필요한 사람에게 도움이 된다면 정말 좋겠다.

해외파병 부대에 대한 관심

우리나라 국군은 1993년 동티모르 상록수부대를 시작으로 아프가니스탄, 레바논 등 13개국 1,440여 명이 해외파병 임무를 수행하고 있다. UN 평화유지활동(PKO), 다국적군 평화 활동, 국방협력 등의 목적으로 세계 평화에 기여하고 있으며 대한민국의 국익을 증진하고 있다. 그러나 지난 20년간 군 장병들이 해외 분쟁지역에서 평화유지활동 등의 임무를 수행 중에 10명의 인명 손실도 있었다. 정말로 안타까운 일이다.

"젊음을 바치신 고인들의 용기와 애국심이 오늘날 대한민국 발전의 기틀이 되었음을 절대로 잊지 않겠습니다. 사랑하는 가족과 연인, 전우들을 뒤로 한 채 뛰어든 그 마지막 발걸음을 대한민국은 영원히 기억하겠습니다. 고인들의 명복을 빕니다."

국제평화지원단 내에 해외파병 역사관에 적힌 글이다. 해외파병 임무는 적어도 해결해야 할 문제를 품고 있는 분쟁지역에서 이루어지기 때문에 위험이 도사리고 있는 것이 사실이다. 인명손실이 있어서는 절대 안 되겠지만 불의의 사고와 위험으로 인해 인명손실이 생길 가능성도 언제든지 있다. 항상 집중하고 안전에 주의해서 더 이상의 인명손실은 없어야 할 것이다.

해외파병을 가고, 파병 생활을 경험하는 사람은 우리나라 사람 중에서도 정말 극소수다. 어려운 관문을 통과하고 해외파병에 합격하는 사람에게 당부하고 싶은 말이 있다. 불행해지기로 하는 사람은 없듯이, 어떤 일을 시작할 때 잘 못 할 거라고 다짐하는 사람은 없다는 것이다. 해외파병 생활도 마찬가지다. 처음 목표와 마음가짐을 잃지 않고 이를 달성하기 위해 끊임없이 노력해야 한다. 생각보다 해외파병지에서 지내는 시간이 매우 길다. 그 긴 시간도 자신의 것이다. 시간을 아깝게 낭비하지 않았으면 좋겠다. 자신이 처음에 세웠던 목표를 이루기 위해 부단히 노력하길 바란다. 그러다 보면 해외파병 생활이 시간만 흘려보내는 무의미한 시간이 아니라, 나를 재충전하고 나를 완성하는 의미 있는 시간이 될 것이다. 또 당당한 우리나라 국군의 일원으로 자부심을 가지고 세계무대에서 현명하게 생각하고 자신 있게 행동하기를 바란다. 해외파병 임무를 수행하는 한 사람 한 사람이 최전선에 서 있는 우리나라의 대표다. 세계무대라고 기죽거나 주눅 들지 말고 당당한 모습으로 행동해서 본인이 가진 능력을 보여줘야 한다.

해외파병 생활을 하는 부대원 못지않게, 해외파병을 경험해 보지 못하는 대부분의 국민 여러분도 해외파병 부대원의 노고를 당당히 치하하고 축하해 줬으면 좋겠다. 국제무대의 일원으로서 우리나라의 위상을 드높이고 국위 선양하는 해외파병 부대원이 있기에, 우리나라가 국제사회에서 인정받고 있다. 국제사회에서 인정받는다는 건, 우리나라 국민 개개인도 안정된 사회에서 살아갈 수 있다는 말과 같다. 반대로 국민 모든 사람이 각자 열심히 일하고 있기에 해외파병 부대원이 안정적으로 임무를 수행할 수 있기도 하다. 해외파병 부대와 한국에서 지내는 국민이 서로 영향을 주고받는 상태이므로 서로 무던할 수 없다.

국민 여러분이 보내는 작은 관심이라도 해외파병 부대원에게는 커다란 힘이 될 수 있다고 생각한다. 비록 해외파병에 아는 사람이 없더라도, 해외파병 소식을 언론에서 접할 때 따뜻한 응원을 보내주는 것만으로도 감사할 수 있을 것 같다. 내가 해외파병 생활을 할 때도 보이지 않는 곳에서 응원하고 기도해주신 많은 분께 이 자리를 빌려 정말 감사하다고 말씀드리고 싶다.

"정말 감사합니다!"

UNIFIL 사령부 내 파병역사관에서, 태극기와 함께

자랑스러운 해외파병을 돌아보며

동명부대 파병 11주년 기념 및 메달 퍼레이드 행사 날

해외파병 생활을 돌아보니 힘들었던 일보다는 좋았던 일이 더 많이 떠오른다. 그러나 좋았던 일을 잘 들여다보면 그 바탕에는 하루하루 쳇바퀴처럼 도는 지루한 일상이 있다. 이 때문에 좋은 일이 더

특별하게 느껴진다. 먼 타지에서 일상 업무를 루틴(Routine)하게 계속 이어나간다는 건 좀처럼 시간이 가지 않는 지루한 일이다. 견딘다는 것의 의미를 잘 이해하는 것만이, 길고 긴 파병 생활을 말 그대로 '잘 견디는 방법'이다.

레바논 해외파병 생활을 떠올리며 이렇게 글을 쓰는 작업도 정말 만만치 않았다. 과연 내가 이런 책을 써도 되는 건가? 그럴만한 자격이 있나? 하는 끊임없는 되물음에 좌절하기도 하고 자신감이 바닥을 치기도 했다. 그러나 가끔은 글이 술술 써지기도 해서 힘을 얻었고 글을 쓰며 행복했던 그 시간이 샘솟듯 떠올라 기운이 나기도 했다. 이따금 있었던 긍정적이고 행복한 기운 덕분에 이렇게 글을 완성할 수 있는 게 아닐까 하는 생각이 든다. 천천히 가지만 꾸준히 가는 것이 결국 가장 빠르게 가는 길이라고 했다. 꾸준히 쓰다 보니, 이렇게 한 권의 책을 완성할 수 있게 되어 개인적으로는 감사하다.

귀국 후 레바논에서의 파병 생활을 잊고 살고 있었는데, 책을 쓰며 그때의 자랑스럽고 영광스러웠던 순간이 떠올라 행복했다. 나도 함께 했었다는 사실에 마음 한쪽이 시큰해지기도 했다. 상록수 부대, UN 아이티 안정화지원단 소속의 단비부대, 아프가니스탄 재건지원단의 오쉬노부대, 동의·다산부대, 이라크의 자이툰부대 등 모두 해외에서 고생했던 여러 장병의 노고에 진심으로 감사드린다. 해외파병 부대원 전원은 지금 이 시간에도 자신의 위치에서 국위 선양을 위해 임무에 최선을 다하고 있다.

나 자신도 UN 평화유지군의 일원으로서 레바논에 도움이 되고 국제적으로도 필요한 사람이었다는 사실은 감히 말하건대, 최고의 긍지라고 할 수 있다. 내 인생 최고의 경험을 할 수 있었던 소중한 기회에 감사하고 해외파병 생활을 무사히 함께 할 수 있게 힘이 되어준 모든 분에게 이 자리를 빌려 감사하다는 말씀을 꼭 전해드리고 싶다. 모든 분께 일일이 감사하다고 표현하지 못하는 죄송한 마음을 알아주셨으면 한다.

세상 어디에도 절망과 불행이 당연한 곳은 없다. 우리가 평화를 갈망하고 행복을 이야기하는 것처럼 지구 반대편의 다른 장소에서 사는 누군가도 평화로운 삶을 누리고 행복할 수 있어야 한다. 우리 곁에는 세계 곳곳에서 평화의 씨앗을 뿌리고 행복의 길을 닦아주는 자랑스러운 대한민국 해외파병 부대원이 있음을 꼭 알아줬으면 좋겠다. 해외파병 부대원 모두는 그곳의 그리고 우리의 작지만 큰 영웅이다. 모든 대한민국 파병 부대원의 성공적인 임무 완수를 바라며 건강하게 무사 귀환 할 수 있도록 늘 응원한다.

"대한민국 해외파병 부대 파이팅!"

레바논의
블루헬멧

초판인쇄 2020년 5월 31일
초판발행 2020년 5월 31일

지은이 권민관
펴낸이 채종준
펴낸곳 한국학술정보㈜
주소 경기도 파주시 회동길 230(문발동)
전화 031) 908-3181(대표)
팩스 031) 908-3189
홈페이지 http://ebook.kstudy.com
전자우편 출판사업부 publish@kstudy.com
등록 제일산-115호(2000. 6. 19)

ISBN 978-89-268-9976-2 13390